理工系学生のための

初歩からの力学

石渡洋一・河野宏明・橘　基・山内一宏
共著

培風館

はじめに

佐賀大学理工学部では，2019 年度より 1 学科 12 コース制となり，入学初年次の全学生に対して共通教育が行われている．本書は，理工学部共通教育科目「物理学概説」の数年にわたる筆者らの講義の経験をもとに，大学に入学して最初に物理学における力学を学ぶ理工系の学生を念頭に書かれている．

学生の中には高校時代に物理を学んだ者が多いが，その一方で個別試験で物理を選択した者の割合はそれほど高くない．したがって学生の物理に対する習熟度は，様々な段階に分かれている．

このような状況を踏まえ，本書では，物理学の中でも最も基礎となる力学について，できるだけ細かく丁寧に説明することを心がけた．特に序盤の 1 章と 2 章は，物理学とそこで用いられる数学との関係に焦点を当てており，他に類を見ない内容となっている．高校物理と大学物理の大きな違いの一つに微積分の使用が挙げられるが，微積分そのものは高校でも習っている．そこで本書では序盤の丁寧な微積分の導入により，後の章でもそれを積極的に使った表現を用いている．これにより，物理学に興味を抱く学生に対する満足度を高めると同時に，広範な学生に対して，物理学を基礎から学ぶ機会を提供することが本書の狙いの一つである．

本書にはいくつかの特徴がある．第一に，重要な物理量や物理の考えを囲みに入れて印象付けられるようにした．第二に，単元ごとに例題を設け，学生がその場で学んだ内容の確認を行えるようにした．これらの例題は漫然と答を眺めるだけではなく，ぜひとも自分で手を動かして確かめてもらいたい．第三に，章の内容で大事ではあるがアドバンストと思われるものを（発展）とし，基礎的な内容と分けて記載した．ここは必ずしも最初から読まなくても良い．これにより，学生は習熟度に合わせて学ぶことができる．また本書を発展の部分まで取り入れれば，理工系の初年次以外の学生用の教科書や参考書として使用することもできる．物理学の魅力や有用性など，本書を手に取る読者に伝われば幸いである．

最後に，本書を執筆するにあたり，培風館の斉藤淳氏には，執筆の機会からその後の辛抱強い励ましまで大変お世話になり，近藤妙子氏には，有益なコメントをいただいた．また佐賀大学の杉山晃氏とは，物理学概説を担当する同志としてこれまでともに歩んできた．ここに深く感謝を申し上げる．

2023 年 2 月

執筆者一同

目　次

1 位置・速度・加速度

力学 (mechanics) の目的の一つは，物体の**運動** (motion) を正確に予測することである．そのためには，物体の位置，速度，加速度を数学的に表さなければいけない．この章では，物体の位置，速度，加速度をどのように表すかを学ぶ．

1.1 単位と次元

1.1.1 物理量と単位

物体の位置や速度のように，物理学で取り扱われる数量を**物理量**という．物理量は適切な**単位** (unit) を用いて数値化される．単位とは基準となる量のことで，物理量の値は単位の何倍にあたるかを表している．例えば，5 メートル (m) という量は，1 m を単位として測った量で，1 m の 5 倍の距離を表している．また，物理量は，「r」,「v」などの斜体のアルファベットで表す．そして，r が 5 m であることを表す場合，「$r = 5\,\mathrm{m}$」と書く．

力学では，時間，長さ，質量の単位を**基本単位**として様々な物理量の単位を表す．長さを表す単位にも，メートル，センチメートル，インチなど様々な単位があるが，どのような単位を使うかは国際的な決まりがある．現在は国際単位系 (SI 単位系) を用いることが推奨されている．SI 単位系では，時間は**秒** (s)，長さは**メートル** (m)，質量は**キログラム** (kg) を用いる．他にも，電気量や温度を表す単位が含まれているが，力学では使われないので省略する．

時間，長さ，質量の他の物理量は，基本単位を組み合わせて作った**組立単位**を用いて数値化する．例えば，速さは，

$$速さ = 距離/時間 \tag{1.1}$$

表 1.1 力学で用いる 3 つの基本単位（SI 単位系）

物理量	単位	記号
時間	秒	s
長さ	メートル	m
質量	キログラム	kg

表 1.2 力学で用いる主な組立単位（SI 単位系）

物理量	単位	記号
速さ	メートル毎秒	m/s
加速度	メートル毎秒毎秒	$\mathrm{m/s^2}$
力	ニュートン	N ($\mathrm{kg{\cdot}m/s^2}$)
角速度	ラジアン毎秒	rad/s
エネルギー	ジュール	J ($\mathrm{kg{\cdot}m^2/s^2}$)

なので，速さの単位は「m/s（メートル毎秒)」となる．表 1.2 に，力学で用いる組立単位をいくつか示した．

組立単位の中には，独自の記号で表すものもある．例えば，力の単位は基本単位で表すと「$\mathrm{kg \cdot m/s^2}$」だが，「N（ニュートン)」という単位を用いる．つまり，「$1\,\mathrm{N} = 1\,\mathrm{kg \cdot m/s^2}$」である．

1.1.2　次　　元

次に，物理学において重要な概念である**次元** (dimension) を理解しておこう．物理量は単位を用いて数値化すると述べたが,「長さ」という物理量はメートルやインチなど，どのような単位を用いて表しても「長さ」という 2 点間の距離を表す物理量であることには変わりない．その物理量が単位に関わらず，どのような物理量であるかを表すのが次元である．物理量の次元を表すには，時間 (T)，長さ (L)，質量 (M) を組み合わせて表す（「T」「L」「M」は，それぞれの英語表記である，Time, Length, Mass の頭文字である)．例えば，面積は「$\mathrm{m^2}$」や「$\mathrm{cm^2}$」など「長さの単位の 2 乗」で表される単位を用いるため，その次元は,

$$\text{面積の次元} = \mathrm{L \cdot L} = \mathrm{L^2}$$

となる．このことを，「$\mathrm{L^2}$ の次元を持つ」という．速さの次元は,

$$\text{速さの次元} = \frac{\mathrm{L}}{\mathrm{T}} = \mathrm{LT^{-1}}$$

となる．

物理学における数式は，**両辺の次元が揃っていなければならない**．例えば，(1.1) 式は，左辺の速さの次元が $\mathrm{LT^{-1}}$ で，右辺は L の次元を持った距離を，T の次元を持った時間で割っているので，左辺と右辺の次元が等しい．物理の問題に取り組む際に様々な式を扱うが，正しい数式を用いているかを，**両辺の次元が等しいか**を確かめることで判断できる．

1.2　1 次元の運動

1.2.1　1 次元の運動における位置

• 位置は座標で表す

まずは最も簡単な運動である 1 次元の運動を考よう．1 次元の運動とは，物体がある 1 つの方向に進む，あるいは，戻るだけの運動である．1 次元の運動の例を図 1.1 に示した．物体を持ち上げて静かに手を離すと，図 1.1(a) に示したように，物体は真っ直ぐに落ちていく．これは，物体の運動が地面に対して垂直な方向に限られているので，1 次元の運動である．また，図 1.1(b) に示したように，ばねに繋がれた物体をばねの方向に引っ張って（あるいは押し縮めて）手を離すと，ばねに繋がれた物体はばねの方向に行ったり来たりする．これも 1 次元の運動である．

1 次元の運動をする物体の**位置** (position) を表すには，1 本の座標軸を使う．図 1.1(a) および (b) には，1 次元の運動をする物体と 1 本の座標軸（x 軸）を示した．

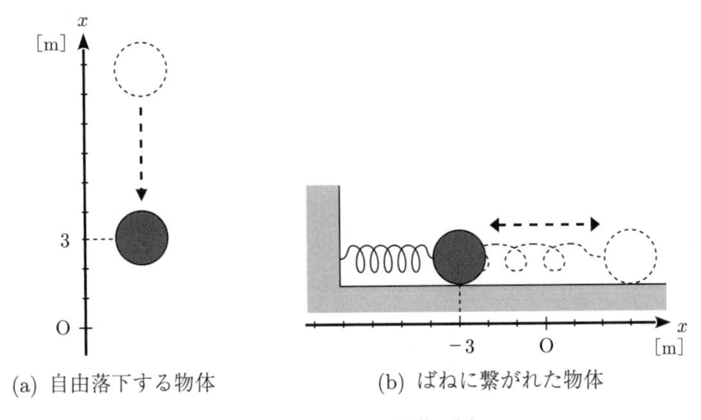

図 1.1　1次元の運動の例

これが，物体の位置を表す**座標系** (coordinate system) である．物理で使う座標軸は，数学で習った数直線とよく似ている．しかし，数直線とは異なり，座標軸の目盛りが1 m や1 cm などの現実の長さを単位として刻まれている．したがって，物体の位置は対応する x 軸上の実数 x に単位を付けて表される．また，座標軸は正および負の方向が決まっている．そのため，物体の位置が $x = 3\,\mathrm{m}$ であるとは，図 1.1(a) のように，物体が x 軸の原点から正の方向に 3 m 進んだ位置にいることを表す．一方，物体の位置が $x = -3\,\mathrm{m}$ であるとは，図 1.1(b) のように，物体が原点から負の方向に 3 m 進んだ位置にいることを表す．「3」や「−3」などの x の値を x 座標という．

• 位置は時間の関数

物理学では**時間** (time) を実数で表し，アルファベットの t で表すのが一般的である．例えば，物体を持ち上げて静かに手を離し，物体を落下させるとする．物体から手を離した瞬間を時間の原点とし，1秒を単位として時間を測ると，$t = 5$ は手を離してからの時間が5秒であることを表す．

運動する物体の位置は時間とともに変化する．つまり，物体の位置 x は時間 t の関数 $x(t)$ になる．「時間 t の関数」になじみがない人のために，「関数」とはどのようなものか思い出しておこう．

数学で x の関数を $f(x)$ と書いた．例えば以下のような $f(x)$ が考えられる．

$$f(x) = ax + b \quad (a,\ b\ \text{は定数}) \tag{1.2}$$

これは，$x = 2$ のとき，f が，

$$f(2) = 2a + b \tag{1.3}$$

という値になること示している．

これと同様に，時間 t の関数となる位置 x を $x(t)$ と書く．例えば以下のような $x(t)$ が考えられる．

$$x(t) = vt + x_0 \tag{1.4}$$

これは，はじめに位置 x_0 にある物体が，一定の速度 v で動く場合，その位置 x が時間 t とともにどのように変化するかを表している．そして，動き始めからの時間 $t=2$ における物体の位置は，

$$x(2) = 2v + x_0 \tag{1.5}$$

となる．$x(t)$ が時間 t の 2 次関数で表される場合もある．地球上で物体を投げ上げると，その高さ $x(t)$ は，

$$x(t) = -\frac{1}{2}gt^2 + v_0 t + x_0 \tag{1.6}$$

となり，時間 t の 2 次関数で表せる（g，v_0，x_0 は定数）．より複雑な t の関数になる場合もある．

また，運動する物体の位置 $x(t)$ が時間 t の関数になることは自明なので，(1.4) 式を，

$$x = vt + x_0 \tag{1.7}$$

と「(t)」を省略して書く場合もある．後述する速度 $v(t)$ や加速度 $a(t)$ などの他の物理量も同様に，v，a と書く場合がある．

• 変　位

変位 (displacement) とは位置の変化を表す量である．図 1.2(a) に示したように，位置 x_a にあった物体が x_b へと移動した場合，x_b と x_a の差が変位である．したがって，変位 Δx は，

変　位

$$\Delta x = x_\mathrm{b} - x_\mathrm{a} \tag{1.8}$$

となる．変位は負の値をとることもある．図 1.2(b) に示したように，$x_\mathrm{b} < x_\mathrm{a}$ となる場合は $\Delta x < 0$ である．

Δx は Δ という量と x の積ではなく，「Δx」という 1 つの量なので気をつけてほしい．物理では，ある物理量 A の変化を，ΔA のように Δ を前につけて表すことが一般的である．

また，変位と似た言葉で**距離** (distance) があるが，この本では，距離は物体が移動した道のりの長さを表すものとして用いるので，必ず 0 以上になる．

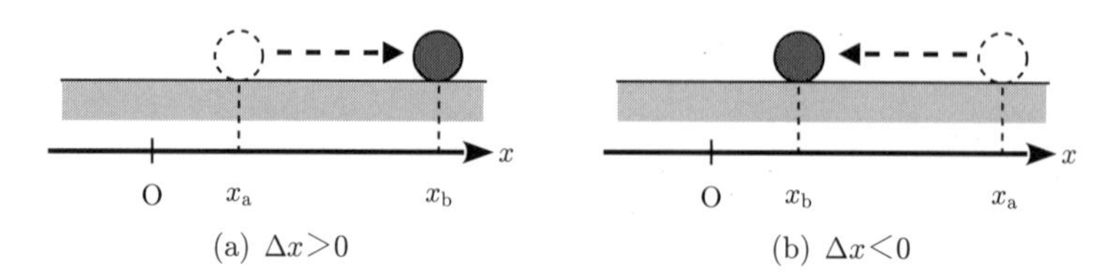

図 1.2　変位 Δx が (a) 正の場合，(b) 負の場合

1.2.2 1次元の運動における速度

• 等速直線運動と速度

ここでは，運動する物体の，単位時間あたりの変位を表す**速度** (velocity) について学ぶ．1次元の運動の中で最も簡単な運動は**等速直線運動** (motion with constant velocity) で，以下のようなものである．

等速直線運動

等速直線運動とは，物体が一定の速度で動き続ける運動である．

まずは，等速直線運動する物体の速度を考えよう．

等速直線運動する物体の位置 x の時間 t に対する変化をグラフにしたものが図 1.3(a) である．位置の時間変化は，傾き一定の直線で表される．時間 t から時間が Δt だけ進み，動きはじめからの時間が $t+\Delta t$ になったとする．すると，t の関数である物体の位置 x が $x(t)$ から $x(t+\Delta t)$ に変化するので，変位 Δx は，

$$\Delta x = x(t+\Delta t) - x(t) \tag{1.9}$$

となる．速度は単位時間あたりの物体の変位なので，

$$\text{速度} = \frac{\Delta x}{\Delta t} = \frac{x(t+\Delta t) - x(t)}{\Delta t} \tag{1.10}$$

とすれば，等速直線運動する物体の速度を得ることができる．また，この速度は図 1.3(a) に示した直線の傾きを表している．

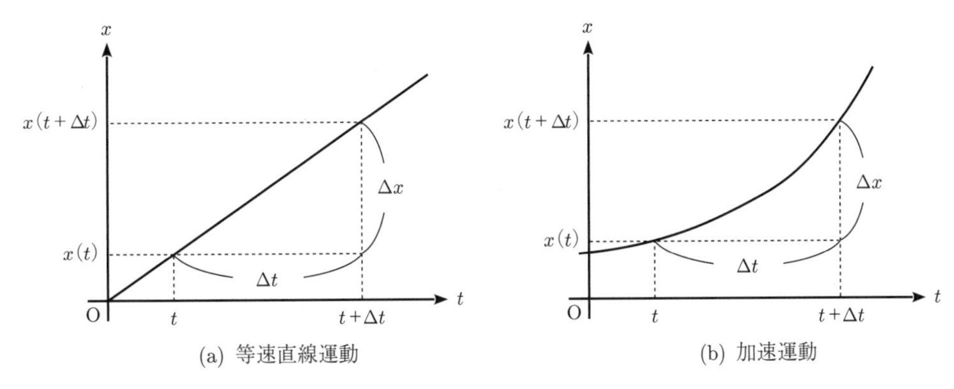

図 1.3 1次元の運動をする物体の位置 x と時間 t の関係

• 位置の時間微分が速度

次は，速度が時間とともに変化する場合を考えよう．図 1.3(b) に，速度を変化させながら運動する物体の位置 x と時間 t の関係を示した．時間 t における位置は $x(t)$，時間 $t+\Delta t$ における位置は $x(t+\Delta t)$ なので，等速直線運動と同様に，

$$\text{「速度」} = \frac{\Delta x}{\Delta t} = \frac{x(t+\Delta t) - x(t)}{\Delta t} \tag{1.11}$$

とすれば，物体の速度を表せるように思える．しかし，図 1.3 をよく見ると，$t+\Delta t$ 付近における x の変化の方が，t 付近における x の変化と比べて急である．これは，$t+\Delta t$ における物体の速度の方が大きいことを示している．したがって，(1.11) 式で表した「速度」は，t から $t+\Delta t$ にかけて変化する速度の「平均の速度」に過ぎない．

t における瞬間の速度 $v(t)$ を知るにはどうすればよいだろうか．Δt を小さくすれば，より $v(t)$ に近づくと考えられる．それならば，Δt を 0 に向けてどんどん近づけてしまえばよい．これは数学で習った極限を用いれば可能である．つまり，

$$v(t) = \lim_{\Delta t \to 0} \frac{\Delta x}{\Delta t} = \lim_{\Delta t \to 0} \frac{x(t+\Delta t) - x(t)}{\Delta t} \tag{1.12}$$

とする．これは，速度 v は位置 x の時間 t に対する**導関数** (derived function, derivative) として表せることを示している．

速度 v は位置 x の導関数

$$v(t) = \lim_{\Delta t \to 0} \frac{\Delta x}{\Delta t} = \lim_{\Delta t \to 0} \frac{x(t+\Delta t) - x(t)}{\Delta t} = \frac{dx}{dt} \tag{1.13}$$

ここで，dt は時間 t の（変化量が 0 の極限の）微小な変化量を表す．また，dx は $\Delta t \to 0$ の極限での Δx（x の変化量）である．速度 v とはこの微小な変化量 dx と dt の比を表している．つまり，v は x の導関数 $\dfrac{dx}{dt}$ であり，速度 $v(t)$ は，図 1.3(b) に示した $x(t)$ のグラフの，t における接線の傾きとなる．

$\dfrac{dx}{dt}$ を簡単に書くために，

$$\frac{dx}{dt} \to \dot{x} \tag{1.14}$$

と書いてもよい．x の上にある点「$\dot{}$」が t で微分することを表しており，「ドット x」，あるいは，「x ドット」と発音する．これを**ニュートンの記述法**という．

最後に，速度と速さの違いを説明する．物体が x 軸の負の方向に進むような運動では，

$$x(t+\Delta t) - x(t) < 0 \tag{1.15}$$

となるため，速度は負の値をとる ($v(t) < 0$)．これは，速度には方向があり，速度の符号を見れば物体が，座標軸の正と負のどちらの方向に進むのかがわかる．一方，**速さ** (speed) は速度の絶対値であり，必ず 0 以上になる．

例題 1.1　図 1.4 のように，位置を変化させながら運動する物体があったとする．

(1)　$t = 1$ から $t = 4$ での変位はいくらか．

(2)　等速直線運動しているのは t の範囲はどこか．

(3)　速度が 0 になる t はいくらか．

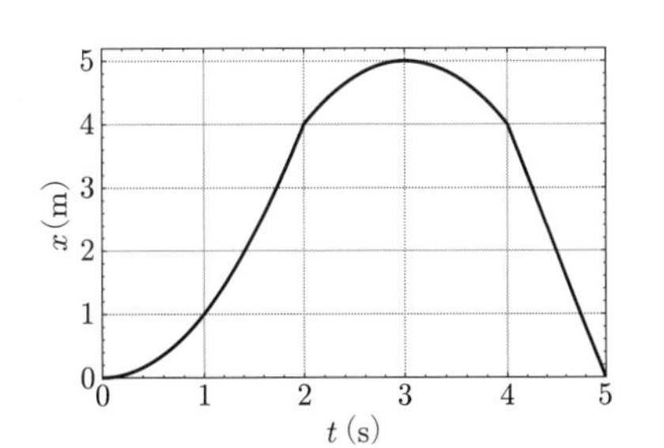

図 1.4　位置 x と時間 t の関係

解答　(1) は，$t = 1\,\mathrm{s}$ において $x = 1\,\mathrm{m}$，$t = 4\,\mathrm{s}$ において $x = 4\,\mathrm{m}$ であることから，変位 Δx は，

$$\Delta x = 4\,\mathrm{m} - 1\,\mathrm{m} = 3\,\mathrm{m} \tag{1.16}$$

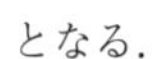

となる．

(2) は，図 1.4 のグラフの傾きが一定になっている t の範囲となる．$t = 4\,\mathrm{s}$ から $t = 5\,\mathrm{s}$ の間である．

(3) は，図 1.4 のグラフの傾きが 0 になるときなので，$t = 3\,\mathrm{s}$ である．

1.2.3　1 次元の運動における加速度

• 速度の時間微分が加速度

加速度 (acceleration) は，単位時間あたりの速度の変化を表す物理量である．1 次元の運動を行う物体の速度 v が図 1.5 のように時間変化するとしよう．t から $t+\Delta t$ の間に，物体の速度が $v(t)$ から $v(t+\Delta t)$ に変化している．したがって，t における加速度は，

$$「加速度」= \frac{v(t+\Delta t) - v(t)}{\Delta t} \tag{1.17}$$

となるように思える．しかし，図 1.5 を見ると，t 付近と $t+\Delta t$ 付近では v の時間変化が異なるため，加速度も異なる．(1.17) 式は「平均の加速度」に過ぎない．

t における瞬間の加速度 $a(t)$ を知るには，瞬間の速度を得た場合と同様に，$\Delta t \to 0$ の極限をとる．つまり，

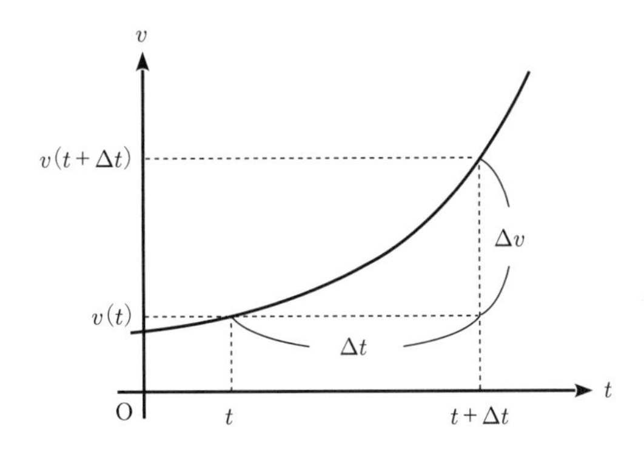

図 1.5　1 次元の運動をする物体の速度 v と時間 t の関係

加速度 a は速度 v の導関数

$$a(t) = \lim_{\Delta t \to 0} \frac{\Delta v}{\Delta t} = \lim_{\Delta t \to 0} \frac{v(t+\Delta t) - v(t)}{\Delta t} = \frac{dv}{dt} \tag{1.18}$$

となる．加速度 a は，速度 v の t に対する導関数となる．

また，v は位置 x の導関数であったので，a は x の **2 次導関数** (second derivative) になる．

加速度 a は速度 v の 1 次導関数，位置 x の 2 次導関数

$$a = \frac{dv}{dt} = \frac{d}{dt}\left(\frac{dx}{dt}\right) = \frac{d^2x}{dt^2} \tag{1.19}$$

また，ニュートンの記述法を用いると，

$$a = \dot{v} = \ddot{x} \tag{1.20}$$

となる．x の上の「¨」は，t で 2 階微分することを表している．

例題 1.2　図 1.6 のように，速度を変化させながら運動する物体があったとする．加速度の時間変化を表すグラフを描け．

解答　図 1.7 のようになる．

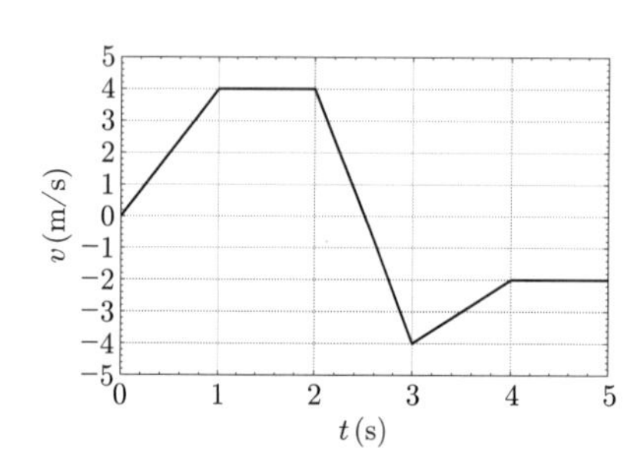

図 1.6　速度 v と時間 t の関係

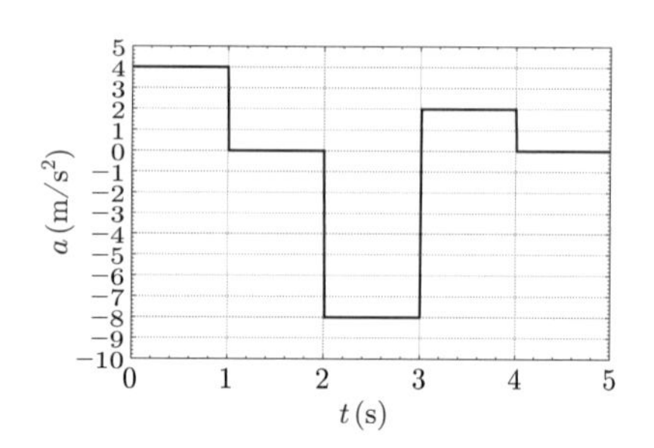

図 1.7　加速度 a と時間 t の関係

1.2.4　速度から変位を求める

位置を時間に対して微分することで速度を得た．逆に速度を時間に対して積分することで，物体の変位を求めることができる．ここでは運動する物体の変位を求める方法を学ぶ．

まずは，等速直線運動する物体の変位を考える．物体の速度は図 1.8(a) のように時間変化しない．このとき，時間 t_{a} から t_{b} までの間での物体の変位 $x_{\mathrm{b}} - x_{\mathrm{a}}$ は，

$$x_{\mathrm{b}} - x_{\mathrm{a}} = v(t_{\mathrm{b}} - t_{\mathrm{a}}) \tag{1.21}$$

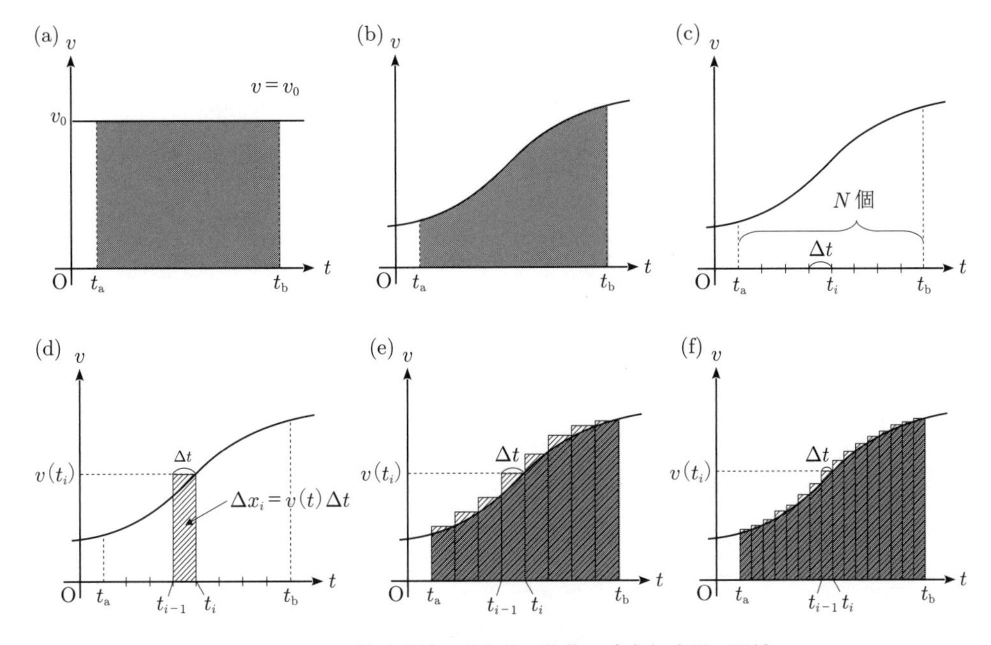

図 1.8　(a)　1次元の等速直線運動をする物体の速度と時間の関係
(b)　1次元の加速運動をする物体の速度と時間の関係
(c)　t_a から t_b までの時間を N 個の微小な時間領域に分割した様子
(d)　微小な変位 Δx_i に対応する領域を斜線で示した図
(e)　$\sum_{i=1}^{N} \Delta x_i$ に対応する領域を斜線で示した図
(f)　N を増やした（Δt を小さくした）場合の，$\sum_{i=1}^{N} \Delta x_i$ の様子

となる．これは，t 軸，$v(t)$ のグラフ，t_a と t_b において t 軸と垂直に交わる2本の直線に囲まれた領域（図1.8(a)の中の灰色の領域）の面積に等しい．

次に，物体の速度が変化する場合の変位を求めよう．車に乗って，まっすぐな道をスピードを変化させながら1時間移動するとしよう．このときの車の変位を知る方法の1つは，車で出発してから10分経過するたびに，スピードメーターを見て速さを記録することである．例えば，表1.3のような結果が得られたとしよう．表1.3を見ると，出発してから10分後の速さは30 km/時となっている．そこで，出発してから10分間は，30 km/時で等速直線運動していたと仮定して，最初の10分間での変位 Δx_1 を求める．これは，

$$\Delta x_1 = 30\,[\mathrm{km/時}] \times \frac{1}{6}\,[\mathrm{時間}] = 5\,[\mathrm{km}] \tag{1.22}$$

となる．

次に，表1.3の出発してから20分後の速さを見ると，12 km/時となっている．そこで，出発後10分から20分までの10分間は，12 km/時で等速直線運動したと仮定すると，この10分間での変位 Δx_2 は，

$$\Delta x_2 = 12\,[\mathrm{km/時}] \times \frac{1}{6}\,[\mathrm{時間}] = 2\,[\mathrm{km}] \tag{1.23}$$

表 1.3　10 分おきに測定した車の速さ

出発してからの時間（分）	速さ（km/時）
10	30
20	12
30	36
40	42
50	54
60	48

となる．

このような「10 分間での変位」を計算し足し合わせれば，1 時間でのおおよその変位が求まる．変位は，

$$\begin{aligned}\sum_{i=1}^{6} \Delta x_i &= 30 \times \frac{1}{6} + 12 \times \frac{1}{6} + 36 \times \frac{1}{6} + 42 \times \frac{1}{6} + 54 \times \frac{1}{6} + 48 \times \frac{1}{6} \\ &= 5 + 2 + 6 + 7 + 9 + 8 \\ &= 37\,[\mathrm{km}] \end{aligned} \tag{1.24}$$

と見積もれる．このように，「短い時間での変位」を計算して足し合わせることで，長い時間での変位が求まる．

もちろん，10 分間同じ速さで運動するというのは仮定で，実際には 10 分の間に速さが変化する．したがって，これはおおざっぱな見積もりに過ぎない．しかし，速さを記録する時間の間隔を十分に短くすれば，その間はほぼ等速で動くと考えてもよいだろう．例えば，10 秒間での速さの変化は 10 分間での速さの変化に比べ格段に小さいだろう．したがって，10 秒おきに速さを測定し，「10 秒間での変位」を計算して 1 時間に達するまで足し合わせれば，より正確な変位が求まる．

この考え方をもとに，図 1.8(b) のように物体の速度が変化する場合の，t_a から t_b における物体の変位を求めよう．まず，図 1.8(c) のように，t_a から t_b の間を N 個の時間領域に分割する．分割した時間軸上の点を t_i $(i = 0 \sim N)$ とする．このとき，$t_0 = t_\mathrm{a}$，$t_N = t_\mathrm{b}$ である．また，この時間領域の幅 $\Delta t = t_i - t_{i-1}$ はすべて等しいとする．この Δt が，前述した車の例での速さを測定する時間間隔（10 分，10 秒など）に対応する．

次に，「短い時間での変位」を求めよう．物体が t_{i-1} から t_i の間は速度 $v(t_i)$ で等速直線運動すると考え，Δt $(= t_i - t_{i-1})$ での変位 Δx_i を求めると，

$$\Delta x_i = v(t_i)\Delta t \tag{1.25}$$

となる．これは，図 1.8(d) に斜線で示した高さ $v(t_i)$，幅 Δt の長方形の面積に対応する．

そして，この Δx_i を t_a から t_b まで足し合わせることで，近似的に変位を求めることができる．つまり，変位は，

$$\sum_{i=1}^{N} \Delta x_i = \sum_{i=1}^{N} v(t_i) \Delta t \tag{1.26}$$

と近似することができる．これは，図 1.8(e) に斜線で示した，多数の長方形の面積の和に対応する．

もちろん，実際の物体の運動は，図 1.8(b) のようになめらかに速度を変化させるので，(1.26) 式はあくまで近似である．しかし，Δt を短くすれば（t_a から t_b の分割数 N を大きくすれば）v の変化が小さくなるので近似の精度は上がる．そして，$\Delta t \to 0$ ($N \to \infty$) の極限では，Δt の間における v の変化は無視できるため，正確な変位が求まる．したがって，(1.26) 式の $N \to \infty$ の極限をとった，

$$\lim_{N\to\infty} \sum_{i=1}^{N} \Delta x_i = \lim_{N\to\infty} \sum_{i=1}^{N} v(t_i) \Delta t \tag{1.27}$$

が正確な変位となる．$N \to \infty$ の極限をとることで和 ($\sum$) が積分になり，Δx_i と $v(t_i)\Delta t$ は，

$$\Delta x_i \to dx, \qquad v(t_i)\Delta t \to v(t)\,dt \tag{1.28}$$

という微小な変化量になる．したがって，(1.27) 式は，

$$\int_{x_\mathrm{a}}^{x_\mathrm{b}} dx = \int_{t_\mathrm{a}}^{t_\mathrm{b}} v(t)\,dt \tag{1.29}$$

となる．左辺は，

$$\int_{x_\mathrm{a}}^{x_\mathrm{b}} dx = x_\mathrm{b} - x_\mathrm{a} \tag{1.30}$$

なので，確かに変位になっている．

この結果から，ある時間での変位は，速度 v の時間 t に対する定積分であることがわかった．したがって，t_a から t_b での変位は，図 1.8(b) の，t 軸，$v(t)$ のグラフ，t_a と t_b において t 軸と垂直に交わる 2 本の直線で囲まれた領域（図 1.8(b) の中の灰色の領域）の面積に対応する．v が負の場合は，面積にマイナス符号を付けたものが変位となる．

(1.26) 式に対応する，図 1.8(e) の斜線で示した多数の長方形の面積の和は，求めたい変位に対応する灰色で示した部分の面積よりも大きくなっており，(1.26) 式が変位の近似であることがわかる．また，Δt を短くしたものを図 1.8(f) に示した．斜線部分の面積が灰色で示した部分の面積に近くなり，近似の精度が上がることがわかる．そして，$\Delta t \to 0$ の極限では，斜線部分と灰色の部分の面積が一致する．

変位は速度の定積分

$$x_\mathrm{b} - x_\mathrm{a} = \int_{t_\mathrm{a}}^{t_\mathrm{b}} v(t)\,dt \tag{1.31}$$

例題 1.3　物体の速度 v の時間 t に対する変化が以下の式で表せるとき，$t=0$ から $t=10$ での変位を求めよ．

$$v = -gt + v_0$$

ここで，g と v_0 は定数であるとする．

解答　上の式を，$t=0$ から $t=10$ まで定積分すればよい．

$$\int_0^{10} v\,dt = \int_0^{10} (-gt + v_0)\,dt = \left[-\frac{1}{2}gt^2 + v_0 t\right]_0^{10} = -50g + 10v_0$$

1.3　2 次元および 3 次元の運動

この節では，物体が 2 次元の平面内，あるいは，3 次元の空間中を運動する場合の物体の位置，速度，加速度を考える．

1.3.1　2 次元および 3 次元の運動における物体の位置

• 2 次元直交座標系を用いた位置の表し方

1 次元の運動では，物体の位置は x 軸上の 1 つの実数で表すことができた．しかし，物体が平面の中を動く場合は，2 つの実数が必要になる．物体が動き回っている平面の中に，図 1.9(a) のように 2 次元の**直交座標系** (orthogonal/rectangular coordinate system)，または，**デカルト座標系** (Cartesian coordinate system) とよばれる座標系があり，物体が点 P にあるとする．点 P から x 軸，y 軸のそれぞれに垂線を下ろし，垂線と x 軸，y 軸との交点の値 x，y を読み取る．交点での値が $x=a$，$y=b$ とすると，物体の位置は (a,b) という 2 つの実数の組で表される．

数学の時間に**ベクトル** (vector) を学んだと思う．2 次元のベクトルは (a,b) のような 2 つの実数の組で表し，原点を始点，点 (a,b) を終点とする矢印で表した．そこで，物体の位置も，原点を始点，物体の位置 P(a,b) を終点とするベクトルで表

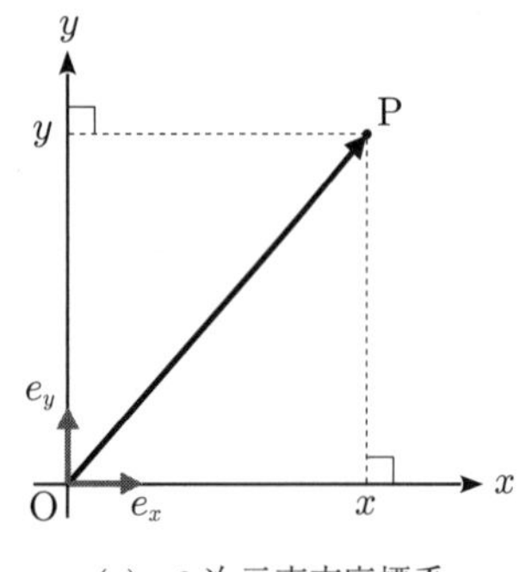

(a)　2 次元直交座標系

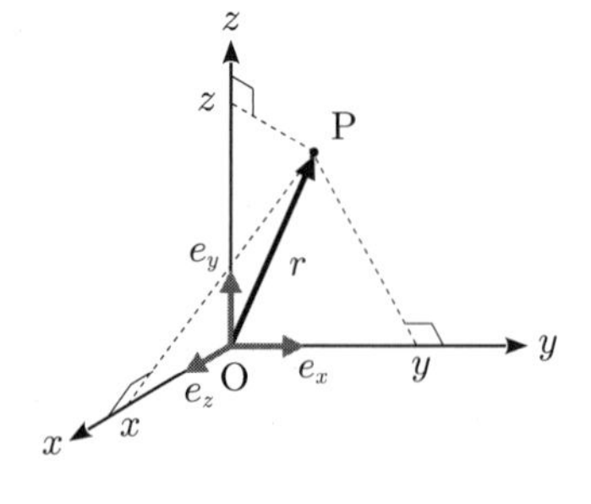

(b)　3 次元直交座標系 における位置ベクトル

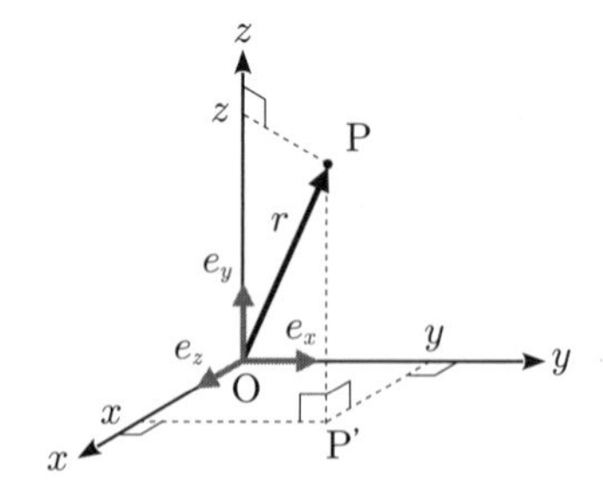

(c)　3 次元直交座標系 における単位ベクトル

図 1.9

す．物体の位置を表すベクトルを**位置ベクトル** (position vector) という．

位置ベクトル $\boldsymbol{r}$ は，物体の位置の x 座標と y 座標を x，y とすると，

$$\boldsymbol{r} = (x,\ y) \tag{1.32}$$

と表す．物体が運動していて，物体の位置が時間 t とともに変化することを強調する場合は，

$$\boldsymbol{r}(t) = (x(t),\ y(t)) \tag{1.33}$$

と表し，(t) を付けて，$\boldsymbol{r}$，x，y が時間 t の関数であることを示す．

図 1.9(a) の灰色の矢印で示したように，x および y 軸に平行で正の方向を向いた，大きさ 1 の 2 つのベクトル，

$$\boldsymbol{e}_x = (1, 0), \qquad \boldsymbol{e}_y = (0, 1) \tag{1.34}$$

を**単位ベクトル** (unit vector) という．単位ベクトルを用いると，$\boldsymbol{r}$ は以下のように表せる．

2 次元の位置ベクトル

$$\boldsymbol{r} = (x, y) = x\boldsymbol{e}_x + y\boldsymbol{e}_y \tag{1.35}$$

また，位置ベクトルの大きさ r を三平方の定理から求めることができ，

$$r = \sqrt{x^2 + y^2} \tag{1.36}$$

となる．

1 次元の運動をする物体の位置も，以下のように，成分が 1 つの位置ベクトルで表すことができる．

$$\boldsymbol{r} = x\boldsymbol{e}_x \tag{1.37}$$

• 3 次元直交座標系を用いた位置の表し方

物体が空間内を運動している場合は，物体の位置を 3 つの実数で指定する．物体が動きまわる空間の中に，図 1.9(b) に示したような 3 次元の直交座標系があり，物体が点 P にあるとする．3 次元直交座標系とは，x 軸，y 軸，z 軸の 3 つが原点で直交した座標系である．点 P から x 軸，y 軸，z 軸のそれぞれに垂線を下ろし，垂線と x 軸，y 軸，z 軸との交点の値を，x 座標，y 座標，z 座標とする．あるいは，図 1.9(c) のように，物体の位置から xy 平面に垂線を下ろし，垂線と xy 平面との交点 P' から，x，y 軸へと垂線を下ろして，x と y 座標の値を決めることもできる．どちらの方法を使っても同じ座標が得られる．

x 座標，y 座標，z 座標の値を x，y，z とすると，位置ベクトル $\boldsymbol{r}$ は，

$$\boldsymbol{r} = (x, y, z) \tag{1.38}$$

と表す．また，図 1.9(b)，1.9(c) に示したような，x，y，z の正の方向を向いた大きさ 1 の 3 つの単位ベクトル，

$$\boldsymbol{e}_x = (1,0,0), \qquad \boldsymbol{e}_y = (0,1,0), \qquad \boldsymbol{e}_z = (0,0,1) \tag{1.39}$$

を用いると，以下のように表せる．

3 次元の位置ベクトル

$$\boldsymbol{r} = (x,y,z) = x\boldsymbol{e}_x + y\boldsymbol{e}_y + z\boldsymbol{e}_z \tag{1.40}$$

$\boldsymbol{r}$ の大きさ r は三平方の定理から求まる．

$$r = \sqrt{x^2+y^2+z^2} \tag{1.41}$$

• 2 次元の変位ベクトル

運動する物体の位置が，時間 t から $t+\Delta t$ の間に $\boldsymbol{r}(t)$ から $\boldsymbol{r}(t+\Delta t)$ まで変化したとき，その変位は 2 つの位置ベクトル $\boldsymbol{r}(t+\Delta t)$ と $\boldsymbol{r}(t)$ の差，

$$\Delta\boldsymbol{r} = \boldsymbol{r}(t+\Delta t) - \boldsymbol{r}(t) \tag{1.42}$$

で表す．2 つの位置ベクトル $\boldsymbol{r}(t+\Delta t)$ と $\boldsymbol{r}(t)$ の差なので，変位ベクトル $\Delta\boldsymbol{r}$ は，$\boldsymbol{r}(t)$ の終点から，$\boldsymbol{r}(t+\Delta t)$ の終点へ向かうベクトルになる．

2 次元の運動の場合，$\Delta\boldsymbol{r}$ は図 1.10(a) のように描くことができる．$\Delta\boldsymbol{r}$ を成分表示すると以下のように表せる．

2 次元の変位ベクトル

$$\begin{aligned}\Delta\boldsymbol{r} &= \boldsymbol{r}(t+\Delta t) - \boldsymbol{r}(t) = \big(x(t+\Delta t)-x(t), y(t+\Delta t)-y(t)\big) \\ &= (\Delta x, \Delta y)\end{aligned} \tag{1.43}$$

ここで，Δx と Δy は，t から $t+\Delta t$ の間での x 座標の変位と y 座標の変位を表している．

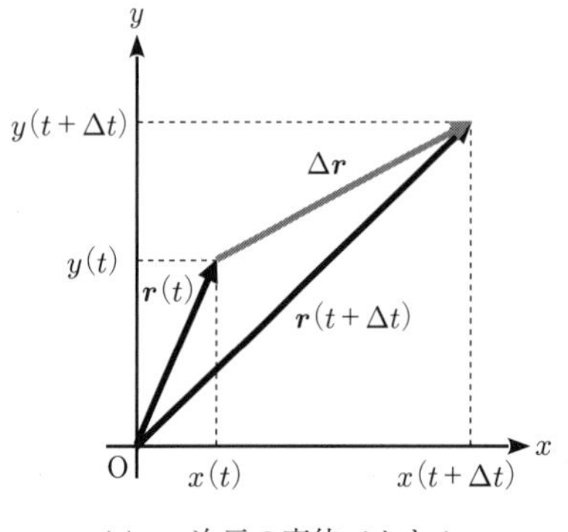

(a)　2 次元の変位ベクトル

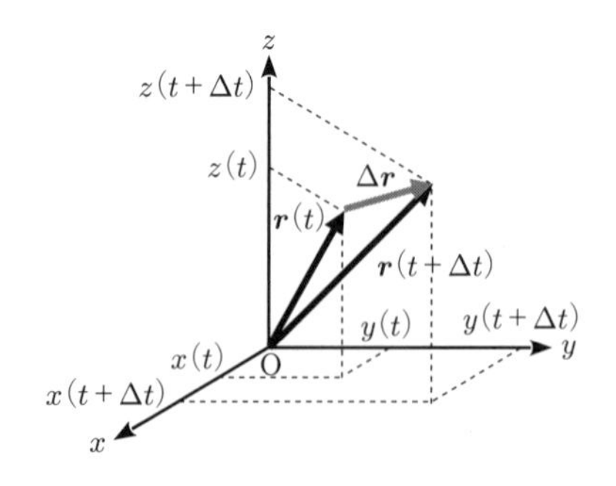

(b)　3 次元の変位ベクトル

図 1.10

• 3 次元の変位ベクトル

3 次元の場合の変位は，2 次元の場合に z 成分が加わったものである．図 1.10(b) に 3 次元での変位ベクトルの様子を示した．3 次元の変位ベクトルは以下のように表せる．

3 次元の変位ベクトル

$$\begin{aligned}\Delta\boldsymbol{r} &= \big(x(t+\Delta t)-x(t), y(t+\Delta t)-y(t), z(t+\Delta t)-z(t)\big)\\ &= (\Delta x, \Delta y, \Delta z)\end{aligned} \tag{1.44}$$

ここで，Δz は，t から $t+\Delta t$ の間での z 座標の変位である．

1.3.2　2 次元および 3 次元の運動における物体の速度

• 2 次元の速度ベクトル

平面内の運動では，変位がベクトルで表されるため，速度もベクトルになる．1 次元の場合と同様に，

$$\boldsymbol{v} = \lim_{\Delta t\to 0}\frac{\Delta\boldsymbol{r}}{\Delta t} = \lim_{\Delta t\to 0}\frac{\boldsymbol{r}(t+\Delta t)-\boldsymbol{r}(t)}{\Delta t} = \frac{d\boldsymbol{r}}{dt} \tag{1.45}$$

と定義される．この式から，$\boldsymbol{v}$ は，$\Delta t\to 0$ の極限での $\Delta\boldsymbol{r}$ $(d\boldsymbol{r})$ に平行なベクトルであることがわかる．したがって，$\boldsymbol{v}$ は t における物体の進行方向に平行といえる．$\boldsymbol{r}$ にある物体の速度ベクトルを図で描くと，図 1.11(a) のようになる．

速度ベクトル $\boldsymbol{v}$ の各成分，および，$\boldsymbol{v}$ の大きさである速さ v は以下のようになる．

2 次元の速度ベクトル

$$\boldsymbol{v} = (v_x, v_y) = \left(\frac{dx}{dt}, \frac{dy}{dt}\right) \tag{1.46}$$

$$v = \sqrt{v_x^2+v_y^2} \tag{1.47}$$

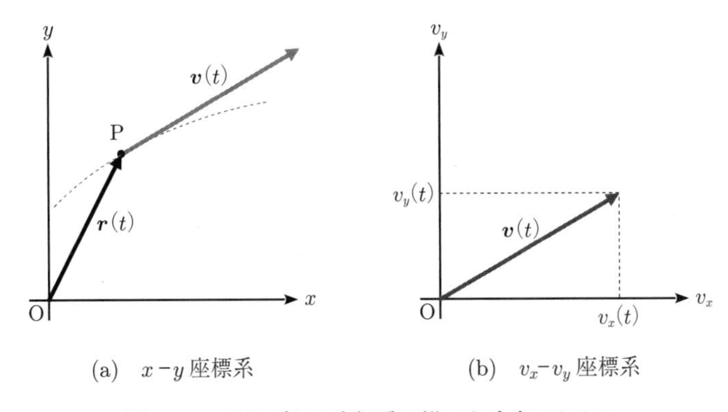

(a)　$x-y$ 座標系　　(b)　v_x–v_y 座標系

図 1.11　それぞれの座標系に描いた速度ベクトル

位置ベクトル $\boldsymbol{r} = (x, y)$ の各成分を時間微分したものが，$\boldsymbol{v}$ の各成分となる．速度ベクトル $\boldsymbol{v}$ は，v_x と v_y を 2 つの軸に取った v_x–v_y 座標系の中に描くと，図 1.11(b) のようになる．

• 3 次元の速度ベクトル

3 次元の速度ベクトル $\boldsymbol{v}$ と速さ v も同様に求まる．2 次元の場合に z 成分を加えて以下のようになる．

3 次元の速度ベクトル

$$\boldsymbol{v} = (v_x, v_y, v_z) = \left(\frac{dx}{dt}, \frac{dy}{dt}, \frac{dz}{dt}\right) \tag{1.48}$$

$$v = \sqrt{v_x^2 + v_y^2 + v_z^2} \tag{1.49}$$

1.3.3　2 次元および 3 次元の運動における物体の加速度

• 2 次元の加速度ベクトル

図 1.12(a) に，物体の位置が $\boldsymbol{r}(t)$ から $\boldsymbol{r}(t + \Delta t)$ へと変化し，速度も $\boldsymbol{v}(t)$ から $\boldsymbol{v}(t + \Delta t)$ へと変化する様子を示した．速度の変化を表すベクトル $\Delta \boldsymbol{v}$ は，

$$\Delta \boldsymbol{v} = \boldsymbol{v}(t + \Delta t) - \boldsymbol{v}(t) \tag{1.50}$$

となる．図 1.12(b) に $\Delta \boldsymbol{v}$ を示した．これを用いて，加速度は，

$$\boldsymbol{a} = \lim_{\Delta t \to 0} \frac{\Delta \boldsymbol{v}}{\Delta t} = \lim_{\Delta t \to 0} \frac{\boldsymbol{v}(t + \Delta t) - \boldsymbol{v}(t)}{\Delta t} = \frac{d\boldsymbol{v}}{dt} \tag{1.51}$$

と表すことができる．1 次元の場合と同様に，加速度 $\boldsymbol{a}$ は速度 $\boldsymbol{v}$ の時間に対する導関数で表せる．また，(1.45) 式を用いると，

$$\boldsymbol{a} = \frac{d\boldsymbol{v}}{dt} = \frac{d}{dt}\left(\frac{d\boldsymbol{r}}{dt}\right) = \frac{d^2\boldsymbol{r}}{dt^2} \tag{1.52}$$

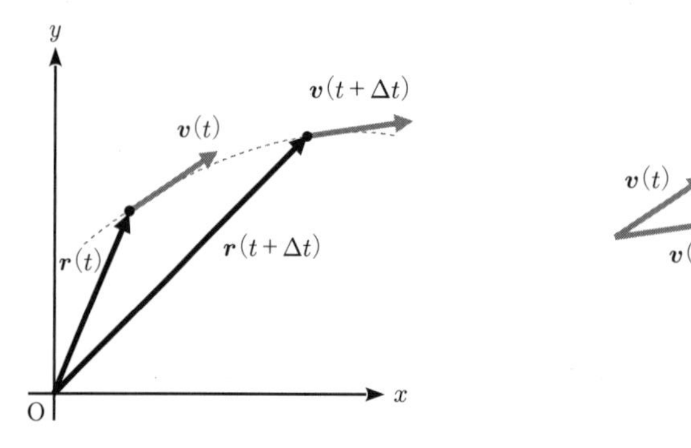

(a)　時間変化する速度ベクトル　　(b)　速度の変化を表すベクトル $\Delta \boldsymbol{v}$

図 1.12

となり，加速度 $\boldsymbol{a}$ は $\boldsymbol{r}$ の時間に対する 2 次導関数で表せる．

加速度ベクトル $\boldsymbol{a}$ の各成分は，$\boldsymbol{v}$ の各成分 v_x，v_y を時間 t で微分したもの，あるいは，$\boldsymbol{r}$ の各成分 x，y を t で 2 階微分したものとして表すことができ，以下のようになる．

2 次元の加速度ベクトル

$$\boldsymbol{a} = (a_x, a_y) = \left(\frac{dv_x}{dt}, \frac{dv_y}{dt}\right) = \left(\frac{d^2x}{dt^2}, \frac{d^2y}{dt^2}\right) \tag{1.53}$$

• 3 次元の加速度ベクトル

3 次元の加速度ベクトルも同様に求まる．2 次元の場合に z 成分を加えて以下のようになる．

3 次元の加速度ベクトル

$$\boldsymbol{a} = (a_x, a_y, a_z) = \left(\frac{dv_x}{dt}, \frac{dv_y}{dt}, \frac{dv_z}{dt}\right) = \left(\frac{d^2x}{dt^2}, \frac{d^2y}{dt^2}, \frac{d^2z}{dt^2}\right) \tag{1.54}$$

1.4　等速円運動する物体の位置，速度，加速度

1.4.1　等速円運動する物体の回転数，周期，角速度

物体が一定の速さで一定の円軌道上を周回運動するとき，その物体は**等速円運動**をしているという．この節では，等速円運動する物体の位置，速度，加速度の表し方を学ぶ．

図 1.13 にあるように，質量 m の物体が，半径 r の円軌道（中心は原点にある）の上を一定の速さ v で等速円運動しているとする．$t = 0$ における物体の位置は

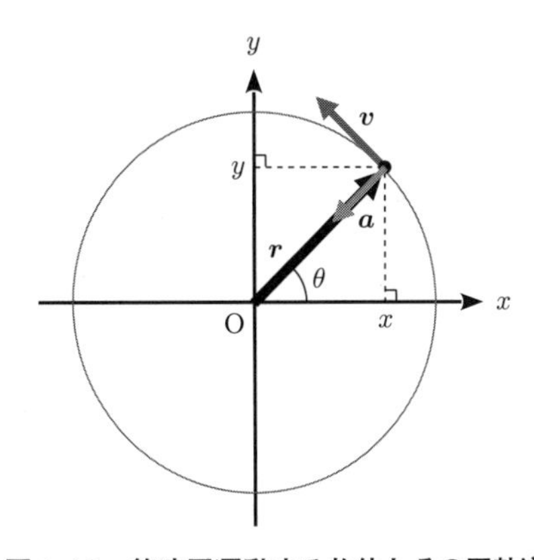

図 1.13　等速円運動する物体とその円軌道

円軌道の中心は 2 次元直交座標系の原点と一致する

$\boldsymbol{r}_0 = (r, 0)$ とする．位置，速度，加速度を考える前に，等速円運動を特徴付けるいくつかの物理量を導入する．

1 つ目は**回転数** (rotation frequency) f である．回転数とは，単位時間あたりに物体が円軌道を何周するかを表す物理量であり，

$$f = \frac{v}{2\pi r} \tag{1.55}$$

と表す．単位時間に進む距離である物体の速さ v を円軌道の円周 $2\pi r$ で割ればよい．

2 つ目は**周期** (period) T である．周期とは，物体が円軌道を 1 周するのに必要な時間で，

$$T = \frac{1}{f} = \frac{2\pi r}{v} \tag{1.56}$$

と表す．回転数 f の逆数になる．

3 つ目は**角速度** (angular velocity) ω である．角速度とは，物体が円軌道上を単位時間に何ラジアン回転するかを表す量であり，

$$\omega = 2\pi f = \frac{2\pi}{T} = \frac{v}{r} \tag{1.57}$$

と表す．回転数 f に 2π をかければ得られる．また，ω を用いると，任意の時間 t における位置ベクトルと x 軸との間の角度 θ は，

$$\theta = \omega t \tag{1.58}$$

となる．この ω を用いて，f，T を表すと，

$$f = \frac{\omega}{2\pi}, \quad T = \frac{2\pi}{\omega} \tag{1.59}$$

となる．

例題 1.4　メリーゴーラウンドが等しい速さで 1 分間に 3.5 回転している．中心からの距離 5 m のところにある馬に乗っている子供の速さを求めよ．

解答　(1.55) 式より，$v = 2\pi r f$．したがって，

$$v = 2\pi \times 5 \times \frac{3.5}{60} \sim 1.8$$

約 1.8 m/s の速さで等速円運動する．

1.4.2　等速円運動する物体の位置

ここから，本題である物体の位置，速度，加速度の記述を見ていこう．等速円運動する物体の t における位置は，図 1.13 にあるように，

$$x = r\cos\theta = r\cos\omega t, \quad y = r\sin\theta = r\sin\omega t \tag{1.60}$$

と表すことができる．ここで，$t = 0$ における物体の位置 $\boldsymbol{r}_0$ は，$\boldsymbol{r}_0 = (r, 0)$ とし

た．したがって，位置ベクトル $\boldsymbol{r}$ は以下のように表すことができる．

$$\boldsymbol{r} = (x, y) = (r\cos\omega t,\ r\sin\omega t) \tag{1.61}$$

r は三平方の定理から，

$$r = \sqrt{x^2 + y^2} \tag{1.62}$$

である．

1.4.3 等速円運動する物体の速度

速度は位置の導関数なので，(1.61) 式を以下のように時間 t で微分して求める．速度ベクトルは，

$$\begin{aligned} \boldsymbol{v} &= \frac{d\boldsymbol{r}}{dt} = \left(\frac{dx}{dt}, \frac{dy}{dt}\right) \\ &= \left(\frac{d}{dt}(r\cos\omega t),\ \frac{d}{dt}(r\sin\omega t)\right) \\ &= (-r\omega\sin\omega t,\ r\omega\cos\omega t) \\ &= (-y\omega,\ x\omega) \end{aligned} \tag{1.63}$$

となる．最後の式変形では (1.61) 式を用いた．$\boldsymbol{v}$ の方向は，(1.63) 式を見ると，$\omega > 0$ なら $\boldsymbol{r}$ に対して反時計回りに垂直な方向，$\omega < 0$ なら $\boldsymbol{r}$ に対して時計回りに垂直な方向になる．また，$\boldsymbol{v}$ の大きさである速さ v は，三平方の定理から，

$$\begin{aligned} v &= \sqrt{v_x^2 + v_y^2} \\ &= \sqrt{(-y\omega)^2 + (x\omega)^2} \\ &= \sqrt{(x^2 + y^2)\omega^2} \\ &= r\omega \end{aligned} \tag{1.64}$$

となる．

1.4.4 等速円運動する物体の加速度

加速度は速度の導関数なので，(1.63) 式を以下のように時間 t で微分して求める．加速度ベクトルは，

$$\begin{aligned} \boldsymbol{a} &= \frac{d\boldsymbol{v}}{dt} = \left(\frac{dv_x}{dt}, \frac{dv_y}{dt}\right) \\ &= \left(\frac{d}{dt}(-r\omega\sin\omega t), \frac{d}{dt}(r\omega\cos\omega t)\right) \\ &= (-r\omega^2\cos\omega t, -r\omega^2\sin\omega t) \\ &= (-x\omega^2, -y\omega^2) \\ &= -\omega^2(x, y) = -\omega^2\boldsymbol{r} \end{aligned} \tag{1.65}$$

となる．(1.65) 式を見ればわかるように，$\boldsymbol{a}$ の方向は $\boldsymbol{r}$ と反対方向である．また，$\boldsymbol{a}$ の大きさは，

$$a = r\omega^2 \tag{1.66}$$

となる．

例題 1.5　位置ベクトルと速度ベクトルの方向　$\boldsymbol{r}$ と $\boldsymbol{v}$ の内積を計算し，これらのベクトルが直交していることを示せ．

解答　$\boldsymbol{r} = (x, y)$，$\boldsymbol{v} = (v_x, v_y) = (-y\omega, x\omega)$ より，

$$\boldsymbol{r} \cdot \boldsymbol{v} = xv_x + yv_y = -xy\omega + xy\omega = 0$$

となる．内積が 0 になるので，$\boldsymbol{r}$ と $\boldsymbol{v}$ は直交している．

1.5　発 展　2 次元極座標を用いた物体の位置，速度，加速度

1.5.1　2 次元極座標を用いた位置

物体の等速円運動や振り子の単振動を考える場合は，物体の位置を 2 次元の**極座標** (polar coordinate) を用いて表すのが便利である．点 P の位置を 2 次元極座標を用いて表すとは，図 1.14 にあるように，原点 O から点 P までの距離を表す**動径** (radial coordinate) r と，x 軸と線分 OP の間の角度を表す**偏角（方位角）**(polar angle) θ を用いて点 P の位置を指定することである．

2 次元直交座標系には単位ベクトル $\boldsymbol{e}_x$，$\boldsymbol{e}_y$ があった．同様に，2 次元極座標系にも動径方向の単位ベクトル $\boldsymbol{e}_r$ と偏角方向の単位ベクトル $\boldsymbol{e}_\theta$ がある．図 1.14(a) に単位ベクトルの様子を示した．$\boldsymbol{e}_r$ と $\boldsymbol{e}_\theta$ は以下のようにまとめられる．

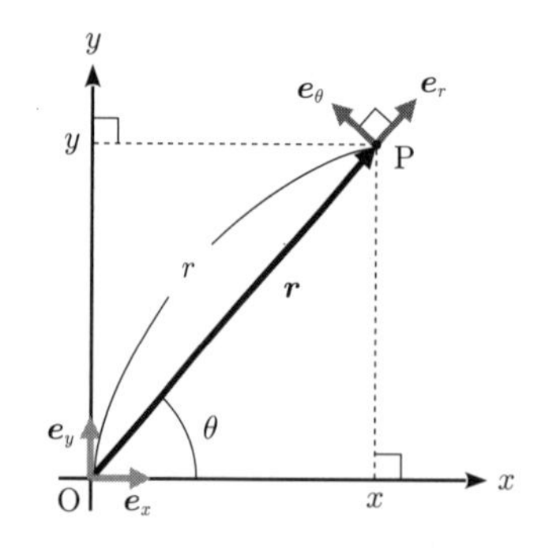

(a)　2 次元極座標表示における動径 r と偏角 θ，および，単位ベクトル $\boldsymbol{e}_x$，$\boldsymbol{e}_y$，$\boldsymbol{e}_r$，$\boldsymbol{e}_\theta$

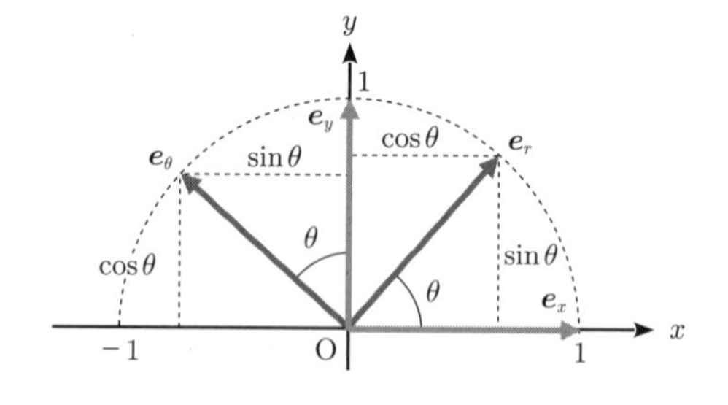

(b)　原点を一致させた $\boldsymbol{e}_x$，$\boldsymbol{e}_y$，$\boldsymbol{e}_r$，$\boldsymbol{e}_\theta$
点線は原点を中心とした半径 1 の円弧

図 1.14

2 次元極座標の単位ベクトル

- 動径方向の単位ベクトル $\boldsymbol{e}_r$ は，位置ベクトル $\boldsymbol{r}$ の方向を向いた長さ 1 のベクトルである．
- 方位角方向の単位ベクトル $\boldsymbol{e}_\theta$ は，θ が増加する方向を向いた長さ 1 のベクトルである．つまり，$\boldsymbol{e}_r$ に対して反時計回りの方向に垂直なベクトルである．

$\boldsymbol{e}_x$ と $\boldsymbol{e}_y$ が直交していたように，$\boldsymbol{e}_r$ と $\boldsymbol{e}_\theta$ も直交している．

位置ベクトル $\boldsymbol{r}$ を $\boldsymbol{r} = x\boldsymbol{e}_x + y\boldsymbol{e}_y$ と表したように $\boldsymbol{e}_r$ と $\boldsymbol{e}_\theta$ を用いて位置ベクトル $\boldsymbol{r}$ を表すことができる．しかし，$\boldsymbol{e}_r$ がすでに $\boldsymbol{r}$ の方向を向いているので，それを r 倍すればよく，$\boldsymbol{e}_\theta$ は不要である．したがって，

$$\boldsymbol{r} = r\boldsymbol{e}_r \tag{1.67}$$

となる．$\boldsymbol{e}_\theta$ は $\boldsymbol{r}$ を表すには不要だが，速度ベクトルを極座標表示する際に必要となる．

$\boldsymbol{e}_x$，$\boldsymbol{e}_y$ と $\boldsymbol{e}_r$，$\boldsymbol{e}_\theta$ の大きな違いは，**物体が移動して $\boldsymbol{r}$ の方向が変化する場合，$\boldsymbol{e}_x$ と $\boldsymbol{e}_y$ は変化しないが，$\boldsymbol{e}_r$ と $\boldsymbol{e}_\theta$ は変化する**，という点である．$\boldsymbol{e}_r$ は位置ベクトル $\boldsymbol{r}$ に平行な方向なので，$\boldsymbol{r}$ の方向の変化にともない変わる．また，$\boldsymbol{e}_\theta$ も $\boldsymbol{e}_r$ に垂直な方向なので，$\boldsymbol{e}_r$ の方向の変化とともに方向が変化する．

$\boldsymbol{e}_r$，$\boldsymbol{e}_\theta$ と $\boldsymbol{e}_x$，$\boldsymbol{e}_y$ の関係を見ておこう．図 1.14(b) に，$\boldsymbol{e}_x$，$\boldsymbol{e}_y$，$\boldsymbol{e}_r$，$\boldsymbol{e}_\theta$ の始点を原点にとった図を描いた．この図を見ると，$\boldsymbol{e}_r$ は，$\boldsymbol{e}_x$ を $\cos\theta$ 倍したベクトルと，$\boldsymbol{e}_y$ を $\sin\theta$ 倍したベクトルの和で表せることがわかる．$\boldsymbol{e}_\theta$ も同様に考えると，

$$\boldsymbol{e}_r = \cos\theta\boldsymbol{e}_x + \sin\theta\boldsymbol{e}_y, \quad \boldsymbol{e}_\theta = -\sin\theta\boldsymbol{e}_x + \cos\theta\boldsymbol{e}_y \tag{1.68}$$

となる．

例題 1.6　(1.68) 式を変形し，$\boldsymbol{e}_r$ と $\boldsymbol{e}_\theta$ を用いて，$\boldsymbol{e}_x$ と $\boldsymbol{e}_y$ を表せ．

解答　(1.68) 式の $\boldsymbol{e}_r$ の式に $\cos\theta$，$\boldsymbol{e}_\theta$ の式に $\sin\theta$ をかけて辺々引くと，

$$\cos\theta\boldsymbol{e}_r - \sin\theta\boldsymbol{e}_\theta = (\cos^2\theta + \sin^2\theta)\boldsymbol{e}_x = \boldsymbol{e}_x$$

となる．また，(1.68) 式の $\boldsymbol{e}_r$ の式に $\sin\theta$，$\boldsymbol{e}_\theta$ の式に $\cos\theta$ をかけて辺々足すと，

$$\sin\theta\boldsymbol{e}_r + \cos\theta\boldsymbol{e}_\theta = (\sin^2\theta + \cos^2\theta)\boldsymbol{e}_y = \boldsymbol{e}_y$$

となる．ここで，$\sin^2\theta + \cos^2\theta = 1$ を用いた．これより，

$$\boldsymbol{e}_x = \cos\theta\boldsymbol{e}_r - \sin\theta\boldsymbol{e}_\theta, \quad \boldsymbol{e}_y = \sin\theta\boldsymbol{e}_r + \cos\theta\boldsymbol{e}_\theta \tag{1.69}$$

と表せる．

例題 1.7　(1.69) 式を用いて，

$$\boldsymbol{r} = x\boldsymbol{e}_x + y\boldsymbol{e}_y = r\cos\theta\boldsymbol{e}_x + r\sin\theta\boldsymbol{e}_y$$

を変形し，(1.67) 式を導け．

解答　(1.69) 式を用いると，

$$\begin{aligned}\boldsymbol{r} &= r\cos\theta\boldsymbol{e}_x + r\sin\theta\boldsymbol{e}_y \\ &= r\cos\theta(\cos\theta\boldsymbol{e}_r - \sin\theta\boldsymbol{e}_\theta) + r\sin\theta(\sin\theta\boldsymbol{e}_r + \cos\theta\boldsymbol{e}_\theta) \\ &= (r\cos^2\theta + r\sin^2\theta)\boldsymbol{e}_r + (-r\sin\theta\cos\theta + r\sin\theta\cos\theta)\boldsymbol{e}_\theta \\ &= r\boldsymbol{e}_r\end{aligned}$$

となる．

1.5.2　単位ベクトル $\boldsymbol{e}_r$，$\boldsymbol{e}_\theta$ の時間に対する導関数

次は，速度ベクトルと加速度ベクトルの 2 次元極座標表示を考える．そのために必要な，$\boldsymbol{e}_r$ と $\boldsymbol{e}_\theta$ の導関数，$\dfrac{d\boldsymbol{e}_r}{dt}$ と $\dfrac{d\boldsymbol{e}_\theta}{dt}$ を求める．

物体が時間 t から $t+\Delta t$ の間に，図 1.15(a) のように位置を変化させたとする．このときの単位ベクトルの時間変化を見るために，図 1.15(b) には，t における単位ベクトル $\boldsymbol{e}_r(t)$，$\boldsymbol{e}_\theta(t)$ と，$t+\Delta t$ における単位ベクトル $\boldsymbol{e}_r(t+\Delta t)$，$\boldsymbol{e}_\theta(t+\Delta t)$ を始点を一致させて描いた．

まずは，$\dfrac{d\boldsymbol{e}_r}{dt}$ を求めよう．導関数の定義から，$\dfrac{d\boldsymbol{e}_r}{dt}$ は，

$$\frac{d\boldsymbol{e}_r}{dt} = \lim_{\Delta t\to 0}\frac{\Delta\boldsymbol{e}_r}{\Delta t} = \lim_{\Delta t\to 0}\frac{\boldsymbol{e}_r(t+\Delta t) - \boldsymbol{e}_r(t)}{\Delta t} \tag{1.70}$$

である．$\Delta\boldsymbol{e}_r$ は，図 1.15(b) に示したように，$\boldsymbol{e}_r(t)$ の終点から $\boldsymbol{e}_r(t+\Delta t)$ の終点に向かうベクトルである．したがって，$\Delta\boldsymbol{e}_r$ は，$\Delta t \to 0$ の極限では，$\boldsymbol{e}_r$ に垂直で

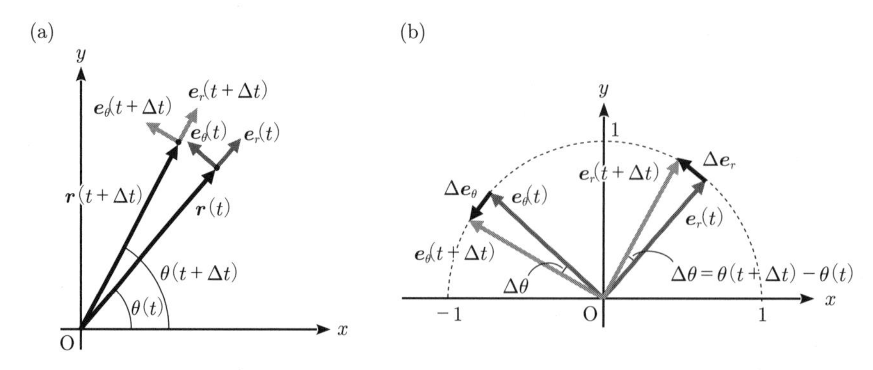

図 1.15
(a) 時間 t から $t+\Delta t$ の間の物体の位置の変化の様子
(b) $\boldsymbol{e}_r$，$\boldsymbol{e}_\theta$ の時間変化の様子

θ が増加する方向を持つ．つまり，$\boldsymbol{e}_\theta$ の方向になる．

また，$\Delta\boldsymbol{e}_r$ の大きさは，長さ1の単位ベクトルが角度 $\Delta\theta\ \big(=\theta(t+\Delta t)-\theta(t)\big)$ 回転して描く円弧の長さ $\Delta\theta$ で近似できる（$\Delta t\to 0$ の極限では一致する）．したがって，$\Delta\boldsymbol{e}_r$ は，

$$\Delta\boldsymbol{e}_r \sim \Delta\theta\boldsymbol{e}_\theta \tag{1.71}$$

と近似でき，(1.70) 式は，

$$\frac{d\boldsymbol{e}_r}{dt} = \lim_{\Delta t\to 0}\frac{\Delta\boldsymbol{e}_r}{\Delta t} = \lim_{\Delta t\to 0}\frac{\Delta\theta}{\Delta t}\boldsymbol{e}_\theta = \frac{d\theta}{dt}\boldsymbol{e}_\theta \tag{1.72}$$

となる．ここで，$\dfrac{d\theta}{dt}$ は，単位時間に角度が何ラジアン変わるかを表すので，**角速度** ω になる．したがって，

$$\omega = \frac{d\theta}{dt} \tag{1.73}$$

となる．

$\dfrac{d\boldsymbol{e}_\theta}{dt}$ も同様で，導関数の定義から，

$$\frac{d\boldsymbol{e}_\theta}{dt} = \lim_{\Delta t\to 0}\frac{\Delta\boldsymbol{e}_\theta}{\Delta t} = \lim_{\Delta t\to 0}\frac{\boldsymbol{e}_\theta(t+\Delta t)-\boldsymbol{e}_\theta(t)}{\Delta t} \tag{1.74}$$

である．ここで，$\Delta\boldsymbol{e}_\theta$ は，図 1.15(b) に示したようなベクトルで，$\Delta t\to 0$ の極限では，$\boldsymbol{e}_r$ と反対方向（$-\boldsymbol{e}_r$ 方向）になる．

また，$\Delta\boldsymbol{e}_\theta$ の大きさも同様に $\Delta\theta$ と近似できる．したがって，$\Delta\boldsymbol{e}_\theta$ は，

$$\Delta\boldsymbol{e}_\theta \sim -\Delta\theta\boldsymbol{e}_r \tag{1.75}$$

と近似でき，(1.74) 式は，

$$\frac{d\boldsymbol{e}_\theta}{dt} = \lim_{\Delta t\to 0}\frac{\Delta\boldsymbol{e}_\theta}{\Delta t} = -\lim_{\Delta t\to 0}\frac{\Delta\theta}{\Delta t}\boldsymbol{e}_r = -\frac{d\theta}{dt}\boldsymbol{e}_r \tag{1.76}$$

となる．

以上をまとめると，以下のようになる．

$\boldsymbol{e}_r$，$\boldsymbol{e}_\theta$ の導関数

$$\frac{d\boldsymbol{e}_r}{dt} = \frac{d\theta}{dt}\boldsymbol{e}_\theta \tag{1.77}$$

$$\frac{d\boldsymbol{e}_\theta}{dt} = -\frac{d\theta}{dt}\boldsymbol{e}_r \tag{1.78}$$

例題 1.8　(1.77), (1.78) 式の別の導出方法　(1.68) 式を微分し，$\boldsymbol{e}_r$ と $\boldsymbol{e}_\theta$ の導関数を求めよ．

解答　(1.68) 式を t で微分すると，

$$\begin{aligned}\frac{d\boldsymbol{e}_r}{dt} &= \frac{d}{dt}(\cos\theta\boldsymbol{e}_x + \sin\theta\boldsymbol{e}_y)\\ &= \frac{d\cos\theta}{dt}\boldsymbol{e}_x + \frac{d\sin\theta}{dt}\boldsymbol{e}_y\\ &= -\frac{d\theta}{dt}\sin\theta\boldsymbol{e}_x + \frac{d\theta}{dt}\cos\theta\boldsymbol{e}_y\\ &= \frac{d\theta}{dt}(-\sin\theta\boldsymbol{e}_x + \cos\theta\boldsymbol{e}_y)\\ &= \frac{d\theta}{dt}\boldsymbol{e}_\theta\end{aligned}$$

となる．最後の変形は，(1.68) 式の $\boldsymbol{e}_\theta$ の式を用いた．同様に，(1.68) 式の $\boldsymbol{e}_\theta$ の方も t で微分すると，

$$\begin{aligned}\frac{d\boldsymbol{e}_\theta}{dt} &= \frac{d}{dt}(-\sin\theta\boldsymbol{e}_x + \cos\theta\boldsymbol{e}_y)\\ &= -\frac{d\sin\theta}{dt}\boldsymbol{e}_x + \frac{d\cos\theta}{dt}\boldsymbol{e}_y\\ &= -\frac{d\theta}{dt}\cos\theta\boldsymbol{e}_x - \frac{d\theta}{dt}\sin\theta\boldsymbol{e}_y\\ &= -\frac{d\theta}{dt}(\cos\theta\boldsymbol{e}_x + \sin\theta\boldsymbol{e}_y)\\ &= -\frac{d\theta}{dt}\boldsymbol{e}_r\end{aligned}$$

となる．最後の変形は，(1.68) 式の $\boldsymbol{e}_r$ の式を用いた．これらは，(1.77), (1.78) 式と一致する．

1.5.3　2 次元極座標を用いた速度

2 次元極座標表示した速度ベクトルを得る場合も，位置ベクトルを時間微分すればよい．しかし，(1.67) 式の $\boldsymbol{r} = r\boldsymbol{e}_r$ を時間微分すると，

$$\boldsymbol{v} = \frac{d\boldsymbol{r}}{dt} = \frac{d}{dt}(r\boldsymbol{e}_r) = \frac{dr}{dt}\boldsymbol{e}_r + r\frac{d\boldsymbol{e}_r}{dt} \tag{1.79}$$

となり，$\boldsymbol{e}_r$ を時間微分した $\dfrac{d\boldsymbol{e}_r}{dt}$ があらわれる．2 次元直交座標系を用いた速度ベクトルは位置ベクトル $\boldsymbol{r} = (x, y)$ の各成分を微分するだけで得ることができた．このように簡単に速度を得ることができたのは，単位ベクトル $\boldsymbol{e}_x$，$\boldsymbol{e}_y$ が時間変化しないためであった．しかし，$\boldsymbol{e}_r$ と $\boldsymbol{e}_\theta$ は時間の関数となるため，$\dfrac{d\boldsymbol{e}_r}{dt}$ を考える必要がある．(1.77) 式を用いると，(1.79) 式は，

$$\frac{d\boldsymbol{r}}{dt} = \frac{dr}{dt}\boldsymbol{e}_r + r\frac{d\theta}{dt}\boldsymbol{e}_\theta \tag{1.80}$$

となる．これが 2 次元極座標表示した速度ベクトルである．

1.5.4　2 次元極座標を用いた加速度

2 次元極座標表示した加速度ベクトルを得る場合も，速度ベクトルを時間微分すればよい．しかし，(1.80) 式を時間微分すると，

$$\begin{aligned} \boldsymbol{a} &= \frac{d\boldsymbol{v}}{dt} = \frac{d}{dt}\left(\frac{d\boldsymbol{r}}{dt}\right) = \frac{d}{dt}\left(\frac{dr}{dt}\boldsymbol{e}_r + r\frac{d\theta}{dt}\boldsymbol{e}_\theta\right) \\ &= \frac{d^2r}{dt^2}\boldsymbol{e}_r + \frac{dr}{dt}\frac{d\boldsymbol{e}_r}{dt} + \frac{dr}{dt}\frac{d\theta}{dt}\boldsymbol{e}_\theta + r\frac{d^2\theta}{dt^2}\boldsymbol{e}_\theta + r\frac{d\theta}{dt}\frac{d\boldsymbol{e}_\theta}{dt} \end{aligned} \tag{1.81}$$

となり，$\dfrac{d\boldsymbol{e}_r}{dt}$ と $\dfrac{d\boldsymbol{e}_\theta}{dt}$ を考える必要がある．(1.77)，(1.78) および (1.76) 式を用いると，(1.81) 式は，

$$\begin{aligned} \boldsymbol{a} &= \frac{d^2r}{dt^2}\boldsymbol{e}_r + \frac{dr}{dt}\frac{d\theta}{dt}\boldsymbol{e}_\theta + \frac{dr}{dt}\frac{d\theta}{dt}\boldsymbol{e}_\theta + r\frac{d^2\theta}{dt^2}\boldsymbol{e}_\theta - r\frac{d\theta}{dt}\frac{d\theta}{dt}\boldsymbol{e}_r \\ &= \left[\frac{d^2r}{dt^2} - r\left(\frac{d\theta}{dt}\right)^2\right]\boldsymbol{e}_r + \left[2\frac{dr}{dt}\frac{d\theta}{dt} + r\frac{d^2\theta}{dt^2}\right]\boldsymbol{e}_\theta \end{aligned} \tag{1.82}$$

となる．

例題 1.9　半径 r の軌道上を角速度 ω で等速円運動する物体の速度ベクトルと加速度ベクトルを，2 次元極座標を用いて求めよ．

解答　等速円運動では，r と ω は時間変化しないので，

$$\frac{dr}{dt} = 0, \qquad \frac{d\omega}{dt} = \frac{d^2\theta}{dt^2} = 0$$

となる．したがって，速度ベクトルは，(1.80) 式より，

$$\boldsymbol{v} = r\omega\boldsymbol{e}_\theta$$

となる．$\boldsymbol{e}_\theta$ に平行なので，位置ベクトル $\boldsymbol{r}$ に垂直で大きさ $r\omega$ のベクトルである．

また，加速度ベクトルは，(1.82) 式より，

$$\boldsymbol{a} = -r\omega^2\boldsymbol{e}_r$$

となる．$\boldsymbol{e}_r$ 方向成分のみで，「$-$」が付いているので，$\boldsymbol{a}$ は $\boldsymbol{e}_r$ の反対方向で大きさ $r\omega^2$ のベクトルである．

章末問題　1

問 1.1　直線上の物体の運動を考え，物体の位置座標を x とする．x の時間 t 依存性が $x = \alpha t^4$ で与えられる．ただし，α は正の定数である．

(1)　α はどのような次元を持つか．

(2)　この物体の加速度 a を求め，それが時間とともにどのように変化するか説明せよ．

問 1.2　1 次元の運動をする物体の速度が，時間 t を用いて，

$$v = v_0 \exp(-\alpha t)$$

と表されるとき，$t=0$ から $t=T$ での物体の変位を求めよ．

問 1.3　物体の位置 $\boldsymbol{r}$ が時間 t について，

$$\boldsymbol{r}=(-t^2+5t,4t,9t)$$

と表せるとき，速度ベクトル $\boldsymbol{v}$，および，加速度ベクトル $\boldsymbol{a}$ はどのように表せるか．

問 1.4　時速 134 m/s の飛行機が半径 1835 m の円軌道を描きながら飛ぶとき，飛行機の加速度の大きさは何 $\mathrm{m/s^2}$ か．

2 力と運動

物体の運動は，物体に作用する力を正確に把握し，運動の 3 法則に基づいて運動を解析することで理解される．この章では，力と運動の 3 法則について学び，いくつかの運動を解析してみよう．

2.1 力

2.1.1 力が物体に与える変化

「力」という言葉は日常生活の中でもよく目にする言葉である．気力，体力，記憶力，魅力，政治力，影響力など様々な「力」を表す言葉があるが，明確な定義もなく数値化もできない．一方，物理学における「力」は物理量の 1 つで，物体に以下の 2 つの変化を与えるものとして定義されている．

力が物体に与える変化

1. 物体の速度を変化させる
2. 物体を変形させる

力が物体にこれらの変化を与えることを，力が物体に**はたらく**，あるいは，**作用する**という．静止している物体が動き出したり，ばねが伸びるのは，物体やばねに力

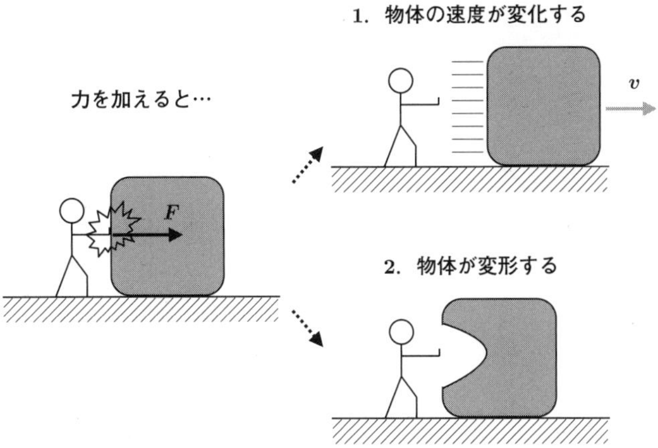

力を加えると…

F

1. 物体の速度が変化する

v

2. 物体が変形する

図 2.1　力とは何か

が作用するためであると理解できる．また，力は適切な実験によって測定し，数値化できる．

2.1.2 力はベクトルで表す

• 力のベクトル

力は大きさと方向を持つ物理量である．力の大きさと方向は，力が作用した物体の速度の変化や変形の仕方からわかる．力が大きさと方向を持っているため，**力はベクトルで表す**．

また，力には，**作用点**と**作用線**がある．図 2.2(c) に示したように，作用点は力が作用する点，作用線は作用点を通り力のベクトルに平行な線である．作用点と作用線は，大きさを持つ物体の運動を考える際に重要になる（7 章参照）．

物体の運動を正しく考えるには，どの物体にどのような力が作用するかを明らかにする必要がある．そのためには，物体に作用する力を図に描いて考えるとよい．力はベクトルなので，図 2.2 のように，**矢印で図示する**．

力のベクトルを数式として表そう．1 次元空間中での力 $\boldsymbol{F}$ は 1 成分のベクトルになるので，1 つの実数 F で表すことができる（$\boldsymbol{F} = F_x\boldsymbol{e}_x$ というベクトルで表すこともできる）．2 次元空間中の力は 2 成分，3 次元空間中の力は，3 成分のベクトルになる．したがって，2 次元の力 $\boldsymbol{F}$ は，

$$\boldsymbol{F} = (F_x, F_y) = F_x\boldsymbol{e}_x + F_y\boldsymbol{e}_y \tag{2.1}$$

3 次元の力 $\boldsymbol{F}$ は，

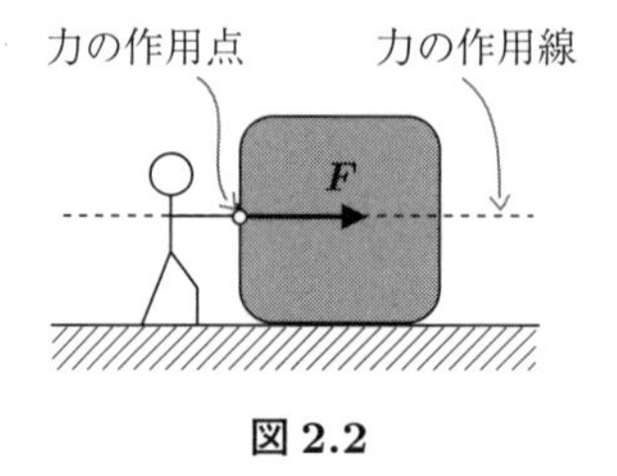

図 2.2

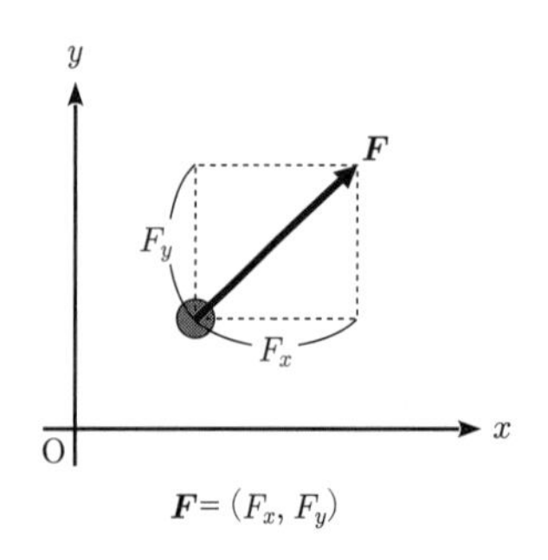

(a)　2 次元空間における力のベクトル

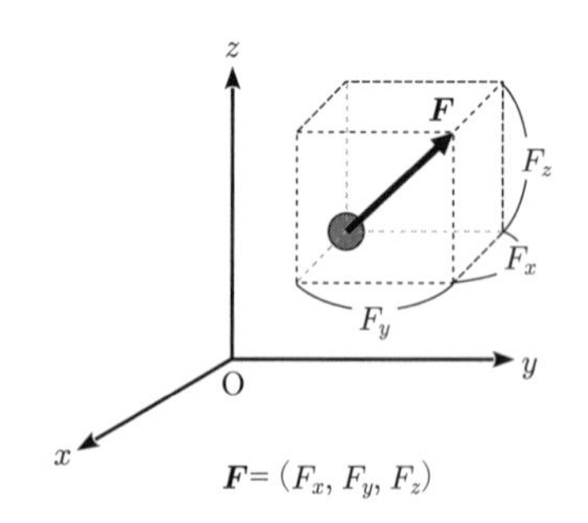

(b)　3 次元空間における力のベクトル

図 2.3

$$\boldsymbol{F} = (F_x, F_y, F_z) = F_x \boldsymbol{e}_x + F_y \boldsymbol{e}_y + F_z \boldsymbol{e}_z \tag{2.2}$$

と表せる．図 2.3(a) と 2.3(b) に，2 次元，3 次元空間中での力 $\boldsymbol{F}$ と，その各方向成分を描いた．

• 力の合成，合力

図 2.4(a) のように，1 つの物体に以下の 2 つの力 $\boldsymbol{F}_1$ と $\boldsymbol{F}_2$ がはたらいているとする．

$$\boldsymbol{F}_1 = (F_{1x}, F_{1y}, F_{1z}), \qquad \boldsymbol{F}_2 = (F_{2x}, F_{2y}, F_{2z}) \tag{2.3}$$

このとき，物体には 2 つの力 $\boldsymbol{F}_1$ と $\boldsymbol{F}_2$ が作用しているが，2 つの力をまとめた 1 つの力 $\boldsymbol{F}$ だけが作用していると考えてもよい．まとめた力 $\boldsymbol{F}$ は $\boldsymbol{F}_1$ と $\boldsymbol{F}_2$ のベクトル和で表すことができ，

$$\boldsymbol{F} = \boldsymbol{F}_1 + \boldsymbol{F}_2 \tag{2.4}$$

$$= (F_{1x} + F_{2x}, F_{1y} + F_{2y}, F_{1z} + F_{2z}) \tag{2.5}$$

となる．このまとめた力 $\boldsymbol{F}$ を $\boldsymbol{F}_1$ と $\boldsymbol{F}_2$ の**合力**という．また，このように，1 つの物体にはたらく複数の力をベクトル和でまとめることを力の**合成**という．

3 つ以上の力の合力も考えることができる．$\boldsymbol{F}_1, \boldsymbol{F}_2, \cdots, \boldsymbol{F}_i, \cdots, \boldsymbol{F}_N$ の N 個の力が 1 つの物体に作用する場合，その合力 $\boldsymbol{F}$ を以下のように書くことができる．

合　力

1 つの物体にはたらく N 個の力 $\boldsymbol{F}_1, \boldsymbol{F}_2, \cdots, \boldsymbol{F}_i, \cdots, \boldsymbol{F}_N$ の合力 $\boldsymbol{F}$ は，

$$\boldsymbol{F} = \boldsymbol{F}_1 + \boldsymbol{F}_2 + \cdots + \boldsymbol{F}_i + \cdots + \boldsymbol{F}_N = \sum_{i=1}^{N} \boldsymbol{F}_i \tag{2.6}$$

となる．

物体にはたらくすべての力の合力が 0 になる場合，その物体に作用する力は**つり合っている**という．**力がつり合っている状態は，物体に力が作用しない状態と同じ**

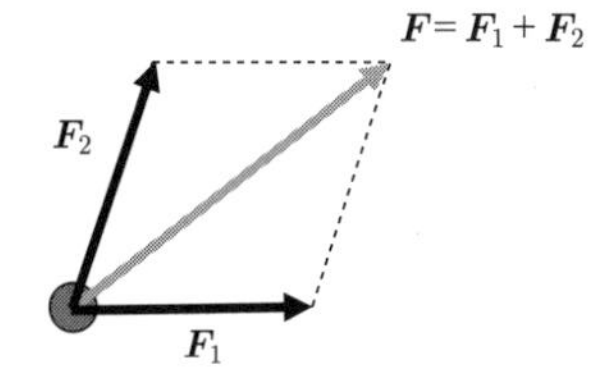

合力 $\boldsymbol{F}$ は $\boldsymbol{F}_1$ と $\boldsymbol{F}_2$ のベクトル和
$\boldsymbol{F} = \boldsymbol{F}_1 + \boldsymbol{F}_2$

(a)　力の合成

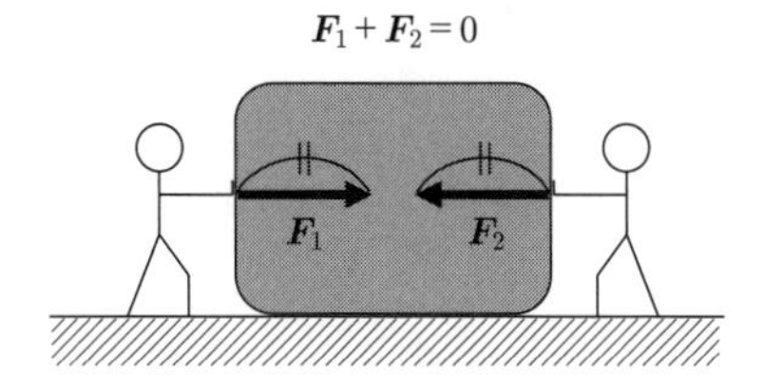

物体に加わる 2 つの力 $\boldsymbol{F}_1$ と $\boldsymbol{F}_2$ の合力 $\boldsymbol{F}$ が 0
$\boldsymbol{F}_1 + \boldsymbol{F}_2 = 0$

(b)　力のつり合い

図 2.4

である．図 2.4(b) に，物体にはたらく 2 つの力 $\boldsymbol{F}_1$ と $\boldsymbol{F}_2$ がつり合っている状況を示した．このとき，物体は力が作用しない状態と同じなので静止し続ける．以下に，力のつり合いについてまとめておく．

力のつり合い

1 つの物体に N 個の力 $\boldsymbol{F}_1, \boldsymbol{F}_2, \cdots, \boldsymbol{F}_i, \cdots, \boldsymbol{F}_N$ が作用しているとする．それらの合力 $\boldsymbol{F}$ が，

$$\boldsymbol{F} = \boldsymbol{F}_1 + \boldsymbol{F}_2 + \cdots + \boldsymbol{F}_i + \cdots + \boldsymbol{F}_N = \sum_{i=1}^{N} \boldsymbol{F}_i = 0 \tag{2.7}$$

となるとき，その物体に作用する力は**つり合っている**という．

• **力の分解**

1 つの力を複数の力の合力であると考え，力を**分解**することもできる．図 2.5(a) に，物体にはたらく 1 つの力 $\boldsymbol{F}$ を 2 つの力 $\boldsymbol{F}_1$ と $\boldsymbol{F}_2$ に分解する様子を表した．このとき，$\boldsymbol{F}$，$\boldsymbol{F}_1$，$\boldsymbol{F}_2$ は，以下の関係を満たす．

$$\boldsymbol{F} = \boldsymbol{F}_1 + \boldsymbol{F}_2 \tag{2.8}$$

1 つの力を 3 つ以上の力に分解してもよい．以下に，力の分解についてまとめる．

力の分解

1 つの物体に力 $\boldsymbol{F}$ が作用しているとする．$\boldsymbol{F}$ をその物体にはたらく N 個の力 $\boldsymbol{F}_1, \boldsymbol{F}_2, \cdots, \boldsymbol{F}_i, \cdots, \boldsymbol{F}_N$ に分解することができる．このとき，$\boldsymbol{F}_1, \boldsymbol{F}_2, \cdots, \boldsymbol{F}_i, \cdots, \boldsymbol{F}_N$ は以下の関係を満たす．

$$\boldsymbol{F} = \boldsymbol{F}_1 + \boldsymbol{F}_2 + \cdots + \boldsymbol{F}_i + \cdots + \boldsymbol{F}_N = \sum_{i=1}^{N} \boldsymbol{F}_i \tag{2.9}$$

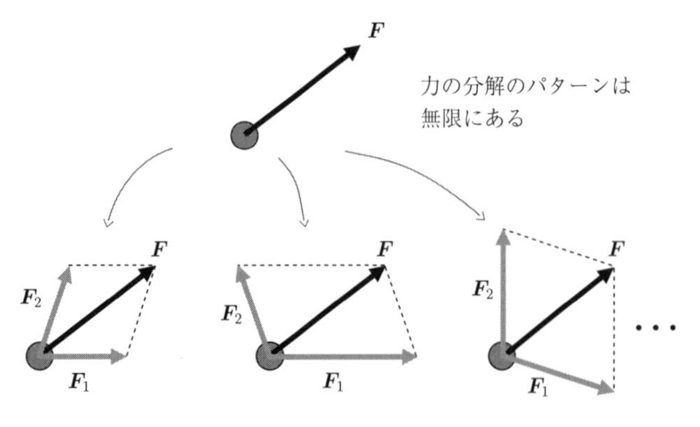

(a)　力 $\boldsymbol{F}$ を $\boldsymbol{F}_1$ と $\boldsymbol{F}_2$ に分解する場合

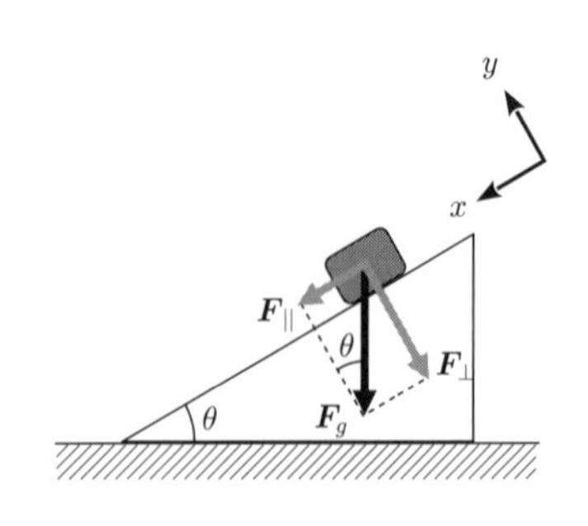

(b)　斜面に置かれた物体の場合

図 2.5

(2.9) 式を満たしていれば，どのように分解してもよい．したがって，力の分解の方法は無限にある．図 2.5(a) には，3 種類の方法で力 $\boldsymbol{F}$ を 2 つの力 $\boldsymbol{F}_1$ と $\boldsymbol{F}_2$ に分解する様子を示した．問題がわかりやすくなるように，我々自身が工夫して力を分解すればよい．

例題 2.1　図 2.5(b) に示したように，摩擦のない傾斜角度 θ の斜面に質量 m の物体を置いたところ，物体は斜面に沿ってすべり落ちた．この物体は地球からの重力 $\boldsymbol{F}$ を鉛直下向きに受けている．$\boldsymbol{F}$ を斜面に平行な力 $\boldsymbol{F}_{\parallel}$ と斜面に垂直な力 $\boldsymbol{F}_{\perp}$ に分解し，それぞれの大きさを求めよ．

解答　重力の大きさを F_g とすると，図 2.5(b) より，$\boldsymbol{F}_{\parallel}$ と $\boldsymbol{F}_{\perp}$ は，

$$\boldsymbol{F}_{\parallel} = (F_g \sin\theta, 0) \qquad \boldsymbol{F}_{\perp} = (0, -F_g \cos\theta)$$

となる．ここで，図 2.5(b) にあるように，x 軸を斜面に平行に，y 軸を斜面に垂直にとった．

2.2　運動の 3 法則

力学には基本法則となる以下の 3 つの法則がある．

力学の基本法則，運動の 3 法則

- 運動の第 1 法則：慣性の法則
- 運動の第 2 法則：運動の法則
- 運動の第 3 法則：作用・反作用の法則

この 3 つの法則に基づけば，力学の適用範囲のすべての実験および観測の結果を説明できる．自然界で見られる多種多様な物体の運動が，たった 3 つの法則で説明できるというのは驚異的なことだ．他の物理学の基本法則も同様だが，法則が正しいかどうかは，実験結果を説明できるかどうかで決まる．この基本法則の正しさは，これまでに行われた膨大な実験・観測の結果が支持しているので，安心して使ってほしい．

力学には，落体の法則や運動量保存則など，他にも物体の運動に関する様々な法則が存在する．それにも関わらず，この 3 つの法則が「基本法則」とよばれるのは，この 3 つの基本法則を用いれば，他の法則を導くことができるからである．以下では，この 3 つの基本法則を 1 つずつ解説する．

2.2.1　質　　点

運動の法則を述べる前に，**質点** (point mass) という概念を導入する．質点とは質量を持ち，大きさを持たない仮想的な物体である．しかし，条件がそろえば現実の

物体を質点と考えてよい．例えば，太陽のまわりを周回する地球の公転運動を考える場合は，地球の大きさは問題にならないので，地球を質点と考えてよい．しかし，地球の自転運動を考える場合には，地球の大きさを考えなければならず，地球を質点と考えることはできない．

2.2.2 運動の第 1 法則：慣性の法則

運動の第 1 法則は，**力が作用しない物体はその運動の状態を保持する**，という法則である．運動の状態を保とうとする性質を**慣性** (inertia) という．「物体に力が作用しない場合」とは，物体に作用する力がつり合っている（物体に作用するすべての力の合力が 0 になる）場合も含まれる．第 1 法則は以下のようにまとめられる．

運動の第 1 法則：慣性の法則

物体は力の作用を受けない場合，静止している物体は静止した状態を維持する．また，ある速度で運動している物体は等速直線運動を行う．

等速直線運動とは，同じ速さで同じ方向に進み続ける運動のことである．図 2.6 に，力の作用を受けずに速度 v_0 で等速直線運動を続ける物体を示した．

力の作用を受けない物体が静止し続けるのは直感的にもわかりやすい．一方，力の作用を受けない物体が等速直線運動するというのは認められない人も多いだろう．例えば，机の上の物体を手で押すと，物体は机の上をしばらく直進して止まる．手を離れた物体は力の作用を受けていないように見えるが，等速直線運動しない．これは，第 1 法則に反するように見える．

しかし，これは「手を離れた物体は力の作用を受けない」という前提が間違っているための誤解である．机の上をすべる物体は机からの摩擦力を受けているので，第 1 法則は当てはまらない．もし，真空中にある摩擦の無い机の上で物体を押し出せば，物体は抵抗力や摩擦力を受けないため等速直線運動を続ける．

例題 2.2　机の上で静止する物体の力のつり合いを説明せよ．

解答　物体には，鉛直下向きの地球から受ける重力と，机から受ける垂直抗力（2.3.7 参照）がはたらくが，この 2 つの力がつり合っている．

図 2.6　力の作用を受けずに，速度 v_0 で等速直線運動する物体

2.2.3 運動の第 2 法則：運動の法則

運動の第 2 法則は，物体に力が作用する場合の法則である．前にも述べたように，力は物体の速度を変化させる（加速させる）．その力と加速度の関係を示したのが第 2 法則である．第 2 法則は以下のようにまとめられる．

運動の第 2 法則：運動の法則

物体に力が作用するとき，力の方向に加速度が生じる．物体の加速度の大きさは，物体が受ける力の大きさに比例し，物体の質量に反比例する．

第 2 法則によれば，物体は力の方向に加速するので，図 2.7(a) のように，物体の進行方向に力が加わると，物体は加速する．また，加速度の大きさは物体の質量に反比例するので，同じ力を受けていても，質量の小さい物体の方が大きく加速する．

この法則を**運動方程式** (equation of motion) という 1 つの方程式に書くことができる．物体の質量を m，加速度を $\boldsymbol{a}$，力を $\boldsymbol{F}$ とすると，運動の第 2 法則は，

$$\boldsymbol{a} = \frac{\boldsymbol{F}}{m} \tag{2.10}$$

となる．あるいは，m を左辺に持ってきた，

$$m\boldsymbol{a} = \boldsymbol{F} \tag{2.11}$$

という形で表すことも多い．また，加速度は位置の時間に対する 2 次導関数で表すことができた．したがって，以下のように書くこともできる．

(a) 進行方向に力を受け，加速する物体

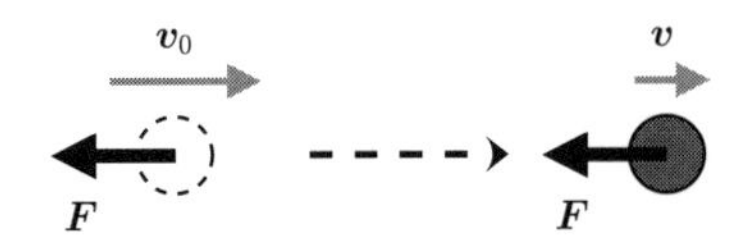

(b) 進行方向と逆方向に力を受け，減速する物体

図 2.7

運動方程式

質量 m の物体が位置 $\boldsymbol{r}$ にあり，力 $\boldsymbol{F}$ を受けるとする．運動方程式は，

$$m\frac{d^2\boldsymbol{r}}{dt^2} = \boldsymbol{F} \tag{2.12}$$

となる．

どのように書いても同じ運動方程式である．

例題 2.3　図 2.7(b) のように，まっすぐに運動する物体が，進行方向と逆方向に力を受けている．この物体の運動はこの後どうなるか．

解答　進行方向と逆方向に力が加わると，図 2.7(b) のように，物体は減速する．さらに時間が経過すると物体は一瞬だけ止まり，その後は進行方向が逆になり，加速しながら進む．

2.2.4　運動の第 3 法則：作用・反作用の法則

第 3 法則は，異なる 2 つの物体が互いに力を及ぼし合う場合の法則である．第 3 法則は以下のようにまとめられる．

運動の第 3 法則：作用・反作用の法則

物体 A が物体 B から力の作用を受けるとき，物体 B も物体 A から力の作用を受ける．2 つの力は同時に発生し，大きさが同じで，方向は互いに逆方向を向いている．

物体 A と物体 B が衝突する際に両者に加わる力を，第 3 法則を使って考えよう．衝突により物体 A は物体 B に力 $\boldsymbol{F}_{\mathrm{B}\leftarrow\mathrm{A}}$ を作用するが，同時に物体 B も物体 A に力 $\boldsymbol{F}_{\mathrm{A}\leftarrow\mathrm{B}}$ を作用させる．このとき，図 2.8 のように，$\boldsymbol{F}_{\mathrm{A}\leftarrow\mathrm{B}}$ と $\boldsymbol{F}_{\mathrm{B}\leftarrow\mathrm{A}}$ は同じ大きさ ($F_{\mathrm{A}\leftarrow\mathrm{B}} = F_{\mathrm{B}\leftarrow\mathrm{A}}$) で互いに反対方向である．つまり，

$$\boldsymbol{F}_{\mathrm{A}\leftarrow\mathrm{B}} = -\boldsymbol{F}_{\mathrm{B}\leftarrow\mathrm{A}} \tag{2.13}$$

となる．

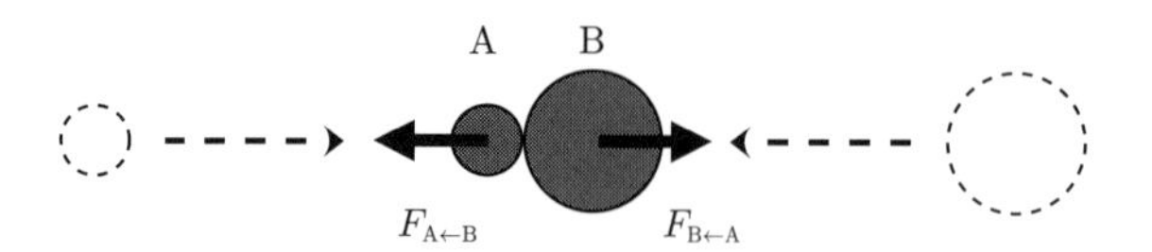

$F_{\mathrm{A}\leftarrow\mathrm{B}} = -F_{\mathrm{B}\leftarrow\mathrm{A}}$

図 2.8

例題 2.4 トラックと軽自動車が同じ速さで走ってきて正面衝突した．軽自動車がトラックから受ける力の大きさ $|F_{軽\leftarrow ト}|$ と，トラックが軽自動車から受ける力の大きさ $|F_{ト\leftarrow 軽}|$ ではどちらが大きいか．

解答 軽い軽自動車が重いトラックから作用される力 $F_{軽\leftarrow ト}$ の方が大きいと考えてしまいそうだが，作用・反作用の法則に基づくと，2 つの力は同じ大きさである．

例題 2.5 トラックと軽自動車が受ける力は同じ大きさなのに，軽自動車の方がより遠くへ弾き飛ばされるのはなぜか?

解答 トラックと軽自動車の衝突後の運動方程式を考えると，

$$\text{軽自動車}：a_{軽} = \frac{F_{軽\leftarrow ト}}{m_{軽}}, \qquad \text{トラック}：a_{ト} = \frac{F_{ト\leftarrow 軽}}{m_{ト}}$$

となる．$|F_{軽\leftarrow ト}| = |F_{軽\leftarrow ト}|$，および，$m_{軽} < m_{ト}$ より，$a_{軽} > a_{ト}$ となる．軽自動車の方が加速度が大きいため遠くへ弾き飛ばされる（実際には摩擦などの要因もあると考えられる）．

2.2.5 発展 運動の第 1 法則は必要か?

(2.12) 式に示した運動方程式を見ると，$\boldsymbol{F} = 0$ のとき，

$$\frac{d^2\boldsymbol{r}}{dt^2} = 0 \tag{2.14}$$

となる．これは，物体に作用する力 $\boldsymbol{F}$ が 0 のとき加速度が 0 になり，物体が等速直線運動することを表している．これは，運動の第 1 法則の内容である．したがって，運動の第 2 法則は第 1 法則を含むことになり，第 1 法則は不要に見えるかもしれない．しかし，第 1 法則が必要な理由として，以下の 2 つが考えられる．

1 つ目は歴史的な理由で，**力がはたらいている場合のみ物体は運動し，力がはたらかなければ物体は止まるというニュートン以前の自然観を否定するため**である．この自然観は古代ギリシャ時代の哲学者アリストテレスの考えに基づくもので，直感的にもわかりやすく広く支持されていた．現代でも，力学を学ぶまではそのように考える人がほとんどで，この考え方から抜け出すのは難しい．ニュートンは，慣性の法則を第 1 法則に置くことで，アリストテレス的な自然観から抜け出すことを主張したかったと考えられる．

2 つ目の理由は，**慣性系の存在を宣言するため**である．慣性系とは，空間の広がり方や時間の進み方が一様な座標系のことである．そのような座標系の上では，力を受けない静止した物体は動き出すこともなく，力を受けずに運動する物体は等速直線運動をする．つまり，慣性系とは運動の第 1 法則が成り立つような座標系のことで，第 1 法則はその存在を宣言していると考えられる．

2.3 様々な力

物体の運動を理解するには，物体にはたらく力を正確に理解し，運動の法則にしたがって解析しなければならない．そのためには，物体にはたらく力に関する知識が不可欠である．以下では，自然界に存在する力をいくつか紹介する．

2.3.1 地表付近での重力

地球上の物体が地面に向かって落ちていくのは，図 2.9 に示したように，物体が地球から鉛直下向きの**重力** (gravity, gravitational force) を受けるためである．地球の表面付近で質量 m の物体にはたらく重力 F_g は，鉛直上向きを正として，物体の高さによらず，

$$F_g = -mg \tag{2.15}$$

と考えてよい．g は重力の作用による物体の加速度を表す**重力加速度** (gravitational acceleration) の大きさで，

$$g \sim 9.8\,\mathrm{m/s^2} \tag{2.16}$$

であることが実験からわかっている．したがって，地表付近にある物体にはたらく重力は質量に比例する．

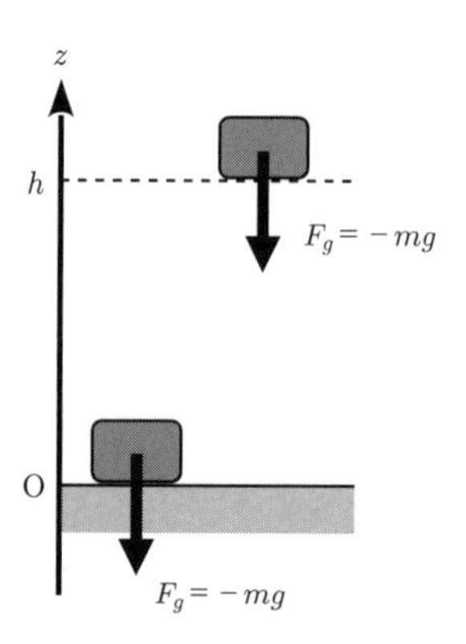

図 2.9　地表付近での重力

2.3.2 重力・万有引力

質量を持つ 2 つの物体の間には，質量の積に比例し，物体間の距離の 2 乗に反比例する互いに引き合う力がはたらく．この力を**重力 (万有引力)** (gravity, gravitational force) という．図 2.10 のように，質量 m_1 と m_2 の 2 つの物体があり，重心間の距離が r であるとする．このとき，2 つの物体には，互いに引き合うような重力 $\boldsymbol{F}_{1\leftarrow 2}$ と $\boldsymbol{F}_{2\leftarrow 1}$ が作用する．物体 1 が物体 2 から作用される重力を $\boldsymbol{F}_{1\leftarrow 2}$，物体 2 が物体 1 から作用される重力を $\boldsymbol{F}_{2\leftarrow 1}$ とした．この 2 つの力は大きさが等しく，向きが互いに逆方向になっているため，

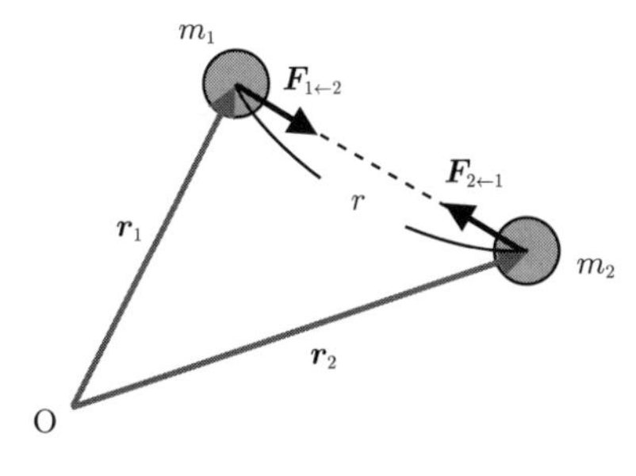

図 2.10

$$\boldsymbol{F}_{1\leftarrow 2} = -\boldsymbol{F}_{2\leftarrow 1} \tag{2.17}$$

となる．また，重力の大きさ $F_{1\leftarrow 2}$，$F_{2\leftarrow 1}$ は，質量の積 $m_1 m_2$ に比例し，距離 r の 2 乗に反比例するため，

$$F_{1\leftarrow 2} = F_{2\leftarrow 1} = G\frac{m_1 m_2}{r^2} \tag{2.18}$$

となる．比例係数 G は**重力定数（万有引力定数）**(gravitational constant) であり，

$$G = 6.67 \times 10^{-11}\ \mathrm{m^3/kg{\cdot}s^2} \tag{2.19}$$

と見積もられている．また，物体 1 および物体 2 の位置を表す位置ベクトルを $\boldsymbol{r}_1$，$\boldsymbol{r}_2$ とすると，

$$\boldsymbol{r}_{2\leftarrow 1} = \boldsymbol{r}_2 - \boldsymbol{r}_1 \tag{2.20}$$

は，長さ r で，物体 1 から物体 2 に向かうベクトルになる．$\boldsymbol{r}_{2\leftarrow 1}$ を用いると，$\boldsymbol{F}_{1\leftarrow 2}$ は，

$$\boldsymbol{F}_{1\leftarrow 2} = G\frac{m_1 m_2}{r^2}\frac{\boldsymbol{r}_{2\leftarrow 1}}{r} = G\frac{m_1 m_2}{r^3}\boldsymbol{r}_{2\leftarrow 1} \tag{2.21}$$

となる．(2.21) 式は，重力の大きさ (2.18) 式に，物体 1 から物体 2 へ向かう長さ 1 のベクトル，

$$\frac{\boldsymbol{r}_{2\leftarrow 1}}{r} \tag{2.22}$$

をかけた形になっている．

2.3.3 電磁気力

電磁気力は，電荷と電場によって発生する**電気力**と，運動する電荷と磁場によって発生する**磁気力**を合わせた力である．日常的にもよく見られる力で，我々が物体に触れて手応えがあるのは，手の表面にある原子が持つ電子と，物体表面の原子が持つ電子との間に互いに反発する電気力がはたらくためである．電磁気力は重力と比べると非常に強い力である．磁石で鉄のクリップを吸い上げることができるのはその現われで，大きな地球がクリップに作用させる重力よりも，小さな礎石が作用させる磁気力の方が強いためである．

2.3.4　強い力

原子は**原子核** (atomic nuclei) と**電子** (electron) からなっており，原子核は**陽子** (proton) と**中性子** (neutron) が集まってできている．また，陽子と中性子はさらに小さな**クォーク** (quark) と呼ばれる極微の粒子が集まってできていると考えられている．この，陽子，中性子の中でクォーク同士を結びつけている力を**強い力** (strong force) という．非常に強い力だが，到達距離が $\sim 10^{-15}$ m と短いため，我々の身の回りの運動に直接寄与することはない．

2.3.5　弱い力

自然界には**ベータ崩壊** (beta decay) とよばれる，原子核が電子を放出して別の原子核に変わる現象がある．このベータ崩壊を引き起こすのが**弱い力** (weak force) である．この力も強い力と同様に到達距離が短く，身の回りの運動とは関係ない．

自然界の 4 つの力

物質は原子が集まってできていることは知っていると思うが，この原子もさらに小さな陽子，中性子，電子などが集まってできている．また，陽子，中性子はさらに小さなクォークと呼ばれる極微の粒子からできている．電子やクォークなど物質を形作る最も基本的な粒子を**素粒子** (elementary particle) という．現代物理学では，我々がこれまでに見つけている物質はすべて素粒子からできていて，その素粒子の間にはたらく力は，重力・電磁気力・強い力・弱い力の 4 つであることが明らかにされている．

以下で，力学に登場する様々な力を紹介するが，いずれも現代物理学の観点からは，電磁気力と物質の中で原子と原子を結びつける結合力に起因する．

2.3.6　弾性力，復元力

固体に力を作用させて変形させたとき，変形量が小さければ元の形に戻ろうとする力がはたらく．例えば，図 2.11 に示したように，ばねを引っ張って伸ばしたり，

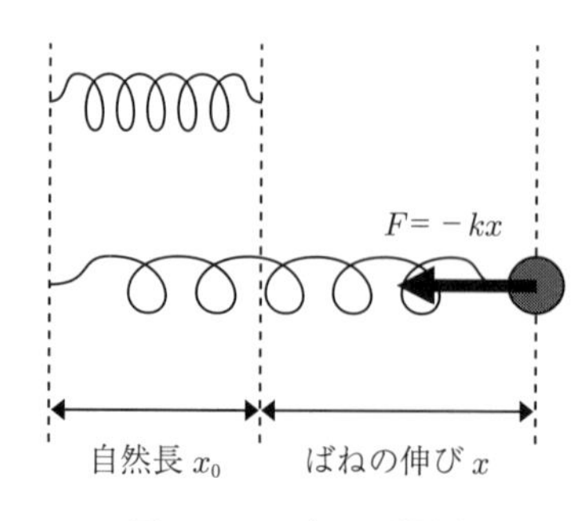

図 2.11　ばねの弾性力

ばねを押し縮めれば，元の長さに戻ろうとする力が生じる．ばねの自然長 x_0 からの伸びを x とすると，x が小さい間の弾性力 F は，以下のように x に比例することが知られている．これを**フックの法則** (Hooke's law) とよぶ．

フックの法則

$$F = -kx \tag{2.23}$$

ばねに限らず，(2.23) 式で表せるような力を**弾性力（復元力）** (elastic force) といい，その比例定数 k は弾性定数（ばねの場合は，**ばね定数**）とよばれる．

2.3.7 垂直抗力

物体同士が面で接しているとき，その面に垂直な方向にはたらく力を**垂直抗力**という．例えば，床の上に置かれている物体は，地球から重力を下向きに受けている．力を受けている物体は速度を変化させるので，下に落ちていくはずであるが，そうはならない．これは，図 2.12(a) に示したように，物体には重力 F_g と同じ大きさで逆向きの垂直抗力 F_N を床から受けており，地球の重力とつり合っているためである．つまり，重力と垂直抗力の間には，

$$F_g + F_\mathrm{N} = -mg + F_\mathrm{N} = 0 \tag{2.24}$$

が成り立つ．したがって，F_N は，

$$F_\mathrm{N} = mg \tag{2.25}$$

となる．

床に置かれた物体を持ち上げるために，上方向に力を加えたとしよう．しかし，物体が持ち上がらなかったとする．このときは，図 2.12(b) に示したように，下向きの重力 F_g と，上向きの手の力 F と垂直抗力 F_N の和がつり合っているため物体は動かないと理解できる．つまり，重力，垂直抗力，手の力の間には，

$$F_g + F_\mathrm{N} + F = -mg + F_\mathrm{N} + F = 0 \tag{2.26}$$

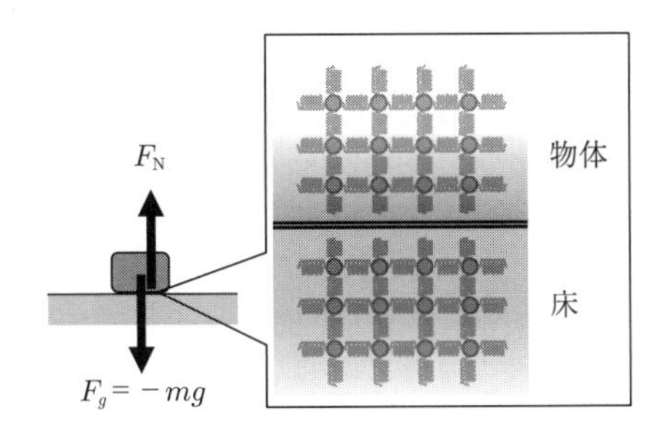

(a) 床の上の物体にはたらく垂直抗力

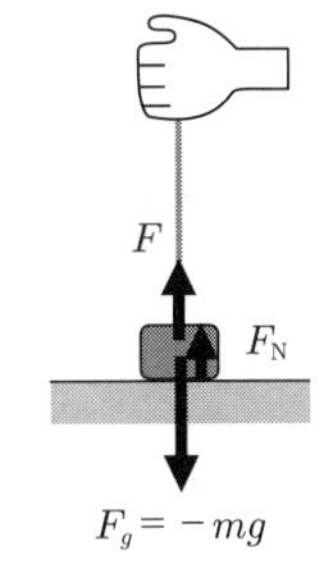

(b) 上向きの力を加えた場合の垂直抗力

図 2.12

が成り立つ．したがって，F_N は，

$$F_\mathrm{N} = mg - F \tag{2.27}$$

となり，(2.25) 式の場合と比べ，F_N が F の分減少する．そして，手の力 F が重力 mg を超えると，物体は持ち上がる．

力学の範囲では垂直抗力の起源はわからないが，現代的な観点から考えると次のようになる．物体や床などの物質は多数の原子が集まってできている．その原子同士の間には結合力がはたらいており，原子と原子はばねで結び付けられたような状態になっている．物体と床が接触すると，物体と床が目に見えないほどわずかに押し縮められ，接触面付近の原子同士をつなぐばねも押し縮められる．その弾性力によって垂直抗力が生じると考えられる．手の力で重力の影響を軽くしてやると，原子同士をつなぐばねの圧縮も小さくなり，弾性力も小さくなる．これが，(2.27) 式のように垂直抗力が減少する理由である．

例題 2.6　図 2.13 に示したように，物体が机の上に置いてあるとき，物体が机から受ける垂直抗力 $\boldsymbol{F}_{\mathrm{N},\,物\leftarrow机}$ と作用・反作用の関係にある力は何か?

解答　$\boldsymbol{F}_{\mathrm{N},\,物\leftarrow机}$ と作用・反作用の関係にあるのは，机が物体から受ける垂直抗力 $\boldsymbol{F}_{\mathrm{N},\,机\leftarrow物}$ である．物体に作用する重力 $\boldsymbol{F}_{g,\,物\leftarrow地}$ と $\boldsymbol{F}_{\mathrm{N},\,物\leftarrow机}$ が作用・反作用の関係にあると誤解されることが多い．しかし，作用・反作用の法則は，2 つの物体が互いに及ぼし合う力に関する法則で，**異なる 2 つの物体が互いに及ぼし合う 2 つの力が対象である**．$\boldsymbol{F}_{g,\,物\leftarrow地}$ と $\boldsymbol{F}_{\mathrm{N},\,物\leftarrow机}$ は，どちらも 1 つの物体に加わる力なので，作用・反作用の関係にはならない．

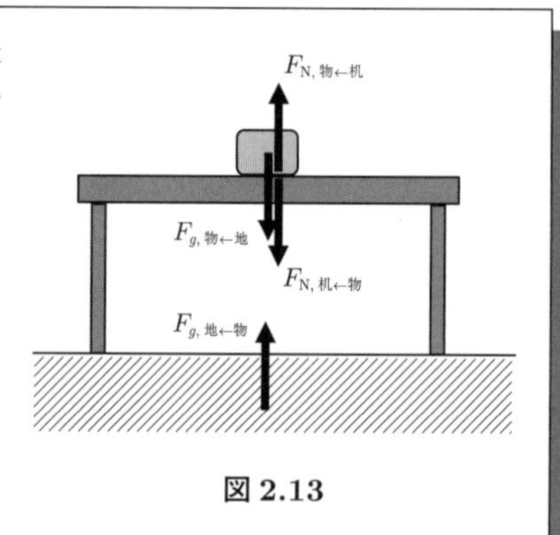

図 2.13

例題 2.7　物体に作用している重力 $\boldsymbol{F}_{g,\,物\leftarrow地}$ と作用・反作用の関係にある力は何か?

解答　$\boldsymbol{F}_{g,\,物\leftarrow地}$ と作用・反作用の関係にあるのは，**地球が物体から受ける重力** $\boldsymbol{F}_{g,\,地\leftarrow物}$ である．小さな物体が地球に重力を作用するというのは驚くかもしれないが，作用・反作用の法則に従えば，地球が物体に重力を作用しているのだから，物体も地球に重力を作用する．そして，その大きさは同じで方向は逆である．もちろん，物体に比べて地球は桁違いに質量が大きいのでその影響は無視できる．

2.3.8 張　力

図 2.14 に示すような振り子のおもりのように糸で吊るされた物体を考える．このような物体には，地球からの重力がはたらいているが，物体は落ちていかず，振り子を動かすと物体は弧を描いて運動する．これは，物体には重力だけではなく，糸からの**張力** (tension) が作用するためである．張力は糸の弾性力に起因すると考えられる．

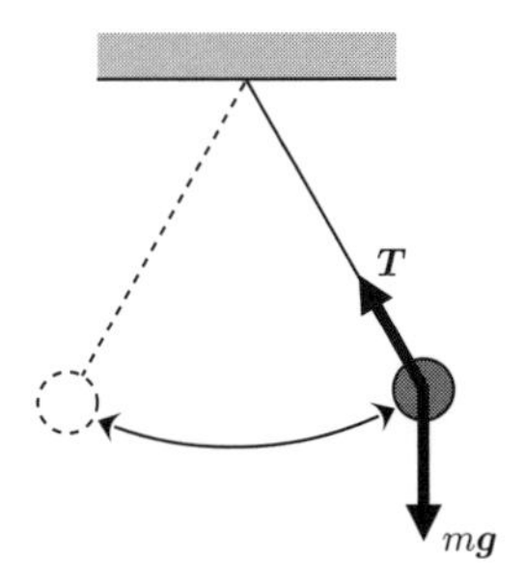

図 2.14 振り子のおもりにはたらく張力

2.3.9 静止摩擦力

床に置かれた物体を水平方向に押すことを考えよう．物体に作用する重力と垂直抗力はつり合っているので，少しでも横から力を加えれば物体は動くように思える．しかし，現実には動かない場合もある．これは，図 2.15(a) に示したように，水平方向に加えた力 $\boldsymbol{F}$ と同じ大きさで逆方向を向いた**静止摩擦力** (static friction force) $\boldsymbol{F}_\mu$ が作用し，つり合うためである．押す力を増せば，静止摩擦力も増加してつり合いが保たれるが，**最大静止摩擦力**を超えることはできない．そのため，押す力が最大静止摩擦力を超えると，物体が動き出す．最大静止摩擦力は物体に加わる垂直抗力 $\boldsymbol{F}_\mathrm{N}$ に比例し，以下のようにまとめられる．

最大静止摩擦力

摩擦のある床の上で静止する物体に，水平方向の力が作用する場合，物体には床から静止摩擦力がはたらきつり合っている．静止摩擦力の大きさは最大静止摩擦力の大きさ $F_{\mu,\mathrm{max}}$ を超えることはない．$F_{\mu,\mathrm{max}}$ は，

$$F_{\mu,\mathrm{max}} = \mu F_\mathrm{N} \tag{2.28}$$

と表せる．ここで，F_N は垂直抗力の大きさである．μ は**静止摩擦係数**と呼ばれる数で，物体と床の材質や接触面の状態で決まる．物体に加わる水平方向の力が最大静止摩擦力を超えると，物体は動き出す．

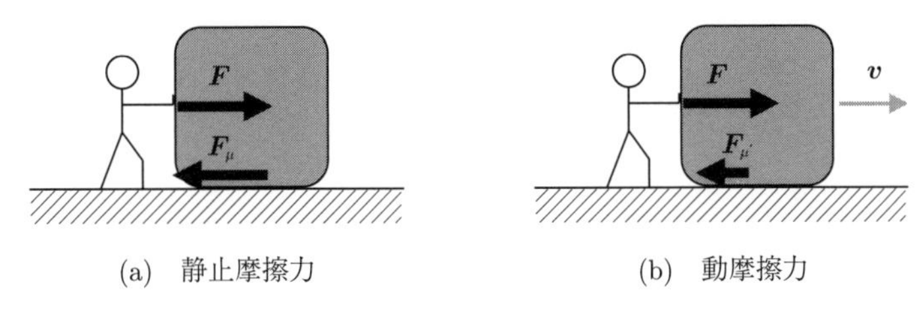

(a) 静止摩擦力　　(b) 動摩擦力

図 2.15

2.3.10 動摩擦力

図 2.15(b) に示したように，床に置かれた物体を水平方向に押す力が最大静止摩擦力を超え，物体が動き出した後も，物体は床から進行方向と逆方向に力を受ける．この力を**動摩擦力** (kinetic friction force) という．動摩擦力も垂直抗力に比例するが，最大静止摩擦力より小さい．

動摩擦力

摩擦のある床の上を動く物体は，床から進行方向と逆方向に動摩擦力 $\boldsymbol{F}_{\mu'}$ を受ける．動摩擦力の大きさ $F_{\mu'}$ は，

$$F_{\mu'} = \mu' F_{\mathrm{N}} \tag{2.29}$$

と表せる．ここで，F_{N} は垂直抗力の大きさである．μ' は**動摩擦係数**と呼ばれる数で，物体と床の材質や接触面の状態で決まる．μ' は静止摩擦係数 μ よりも小さく，

$$\mu' < \mu \tag{2.30}$$

が成り立つ．

摩擦は身近な現象だが，未解決の問題も多く，その起源も含めて活発に研究がなされている分野である．上に述べた静止摩擦力と動摩擦力に関する法則も，ある条件の中で成り立っている法則に過ぎず，静止摩擦力が時間に依存したり，物体の速さが大きくなると動摩擦力が速さに依存するようになる．様々な条件で，どのような摩擦の法則が成り立つのか，現在でも研究がなされている．このような研究は，基礎研究として価値があるだけでなく，摩擦の制御につながるため応用上も重要である．また，地震も摩擦現象の一種と考えられており，身近な現象である摩擦の研究が地球スケールの現象の理解につながる点も興味深い．

2.4 様々な運動

この節では，いくつかの運動の例を挙げて，それらの運動を力の知識と運動の法則を用いて理解してみよう．

2.4.1 静止する物体

物体が静止しているという状態も，速度と加速度が 0 の運動である．質量 m の物体が位置 $\boldsymbol{r}$ で静止しているとする．静止している物体は常に速度が 0 で変化しない．したがって，加速度も，

$$\frac{d^2\boldsymbol{r}}{dt^2} = 0 \tag{2.31}$$

となる．そのため，運動方程式 (2.12) 式は，

$$m\frac{d^2\boldsymbol{r}}{dt^2} = \boldsymbol{F} = 0 \tag{2.32}$$

となる．これは，この物体に作用する合力が 0 であることを示している．運動の第 1 法則で，静止する物体に作用する合力が 0 の場合，物体は静止した状態を維持するとあったが，運動方程式から考察してもそのことがわかった．

例えば，机の上で静止している物体を考えよう．物体には地球からの重力が作用している．それにも関わらず合力が 0 になるのは，重力とつり合う力が物体に作用しているからである．机の上の物体の場合，物体には机からの垂直抗力が作用している．この垂直抗力と重力がつり合うため，物体に作用する合力が 0 になり，物体が静止する．

2.4.2 1 次元の運動

• 等速直線運動

物体が同じ速度のまま運動することを**等速直線運動**という．言い換えると，物体が同じ速さで同じ方向に進み続ける運動である．物体が静止しているという状態も，速度 0 の等速直線運動であるといえる．

等速直線運動は常に速度が一定である．一定の速度を v_0 とすると，

$$\frac{dx}{dt} = v_0 \tag{2.33}$$

が成り立つ．これを時間で微分して加速度を求めると，

$$\frac{d^2x}{dt^2} = 0 \tag{2.34}$$

となる．そのため，運動方程式は，

$$m\frac{d^2x}{dt^2} = 0 \tag{2.35}$$

となる．これは，この物体に作用する合力が 0 であることを示している．運動の第 1 法則で，運動している物体に作用する合力が 0 の場合，物体は等速直線運動をするとあったが，運動方程式から考察してもそのことがわかった．

また，(2.33) 式を積分すると，

$$\int \frac{dx}{dt}\,dt = \int v_0\,dt$$

$$x = v_0 t + C \tag{2.36}$$

となる．ここで，C は積分定数である．(2.36) 式は，任意の t における位置を表す．C は (2.36) 式において $t = 0$ とすると，

$$x(t = 0) = C \tag{2.37}$$

となることから，$t = 0$ における位置である．これを**初期位置**という．$x(t = 0) = x_0$ とすると，(2.36) 式は，

$$x = v_0 t + x_0 \tag{2.38}$$

となる．

例題 2.8　速度 v_0 で等速直線運動する物体の時間 t での変位はいくらか．

解答　(2.38) 式から，変位は，

$$x(t) - x(0) = v_0 t + x_0 - x_0 = v_0 t$$

となる．

• **等加速度直線運動**

物体が同じ加速度のまま直線運動を続けることを**等加速度直線運動**という．初速度の方向と加速度の方向が同じ場合は，物体は同じ方向に加速しながら運動し続ける．一方，初速度の方向と加速度の方向が異なる場合には，物体は減速し，ある時点から初速度とは逆方向に運動を始める．

等加速度直線運動は常に加速度が一定で変化しない．したがって，運動方程式 (2.12) 式は，

$$m\frac{d^2x}{dt^2} = ma \tag{2.39}$$

となる．(2.39) 式のように微分を含んだ方程式を**微分方程式** (differential equation) と呼ぶ．そして，(2.39) 式を満たすような x を求めることを**微分方程式を解く**という．実際に，(2.39) 式の微分方程式を解いてみよう．

(2.39) 式のように微分した結果が定数の微分方程式は，両辺を積分することで x を得ることができる．(2.39) 式を両辺 m で割り，両辺を積分すると，

$$\int \left(\frac{d^2x}{dt^2}\right) dt = \int a\, dt$$

となる．左辺の積分を実行してみると，

$$\int \left(\frac{d^2x}{dt^2}\right) dt = \int \frac{d}{dt}\left(\frac{dx}{dt}\right) dt = \frac{dx}{dt} \tag{2.40}$$

となる．あるいは，

$$\int \left(\frac{d^2x}{dt^2}\right) dt = \int \frac{d}{dt}\left(\frac{dx}{dt}\right) dt = \int \frac{d}{\cancel{dt}}\left(\frac{dx}{dt}\right) \cancel{dt} = \int d\left(\frac{dx}{dt}\right) = \frac{dx}{dt} \tag{2.41}$$

と考えてもよい．右辺の積分を実行すると，

$$\int a\, dt = at + C \tag{2.42}$$

となる．ここで，積分定数を C とした．これらの結果から，(2.40) 式は，

$$\frac{dx}{dt} = at + C \tag{2.43}$$

となる．

積分定数 C を求めてみよう．左辺は x の 1 次導関数なので速度 v である．$t = 0$ とすると，

$$v(t = 0) = C \tag{2.44}$$

となる．つまり，C は $t=0$ における速度になる．$t=0$ における速度を**初速度**といい v_0 で表すと，(2.43) 式は，

$$\frac{dx}{dt} = at + v_0 \tag{2.45}$$

となる．これは，等加速度直線運動する物体の速度が時間とともにどのように変化するかを表している．

x を求めるために，(2.45) 式の両辺を積分すると，

$$\int \left(\frac{dx}{dt}\right) dt = \int (at + v_0)\, dt \tag{2.46}$$

となる．左辺は，

$$\int \left(\frac{dx}{dt}\right) dt = x \tag{2.47}$$

となる．dx/dt を t で積分するので x が得られる．あるいは，

$$\int \left(\frac{dx}{dt}\right) dt = \int \left(\frac{dx}{\cancel{dt}}\right) \cancel{dt} = \int dx = x \tag{2.48}$$

と考えてもよい．右辺は，

$$\int (at + v_0)\, dt = \frac{1}{2}at^2 + v_0 t + C \tag{2.49}$$

となる．C は積分定数である．したがって，(2.46) 式は，

$$x = \frac{1}{2}at^2 + v_0 t + C \tag{2.50}$$

となる．C を求めよう．$t=0$ とすると，

$$x(t=0) = C \tag{2.51}$$

となる．つまり，C は初期位置であり，x_0 で表すと，

$$x = \frac{1}{2}at^2 + v_0 t + x_0 \tag{2.52}$$

となる．これは等加速度直線運動する物体の位置が時間とともにどのように変化するかを表している．

v_0 や x_0 のように，$t=0$ における物理量を**初期条件**という．(2.52) 式は，v_0 と x_0 の 2 つの初期条件さえわかれば，任意の時間での物体の位置を計算できることを示している．

例題 2.9　等加速度直線運動の例として地表付近での物体の自由落下がある．自由落下とは，物体が重力の作用だけを受けて落ちていく運動である．地表付近での自由落下は，重力が高さによらないので等加速度直線運動になる．（空気抵抗があるため厳密には自由落下ではない．しかし，落下速度が十分小さいうちは抵抗力も無視できるぐらい小さくなるので，自由落下と考えてよい．）

図 2.16 に示したように，質量 m の物体を高さ $x = x_0$ から初速度 $v_0 = 0$ で自由落下させた．重力加速度の大きさを g として，落ち始めからの時間 t における物体の速度，および，高さ x を求めよ．地表を高さ x の原点とし，鉛直方向上向きを正とする．

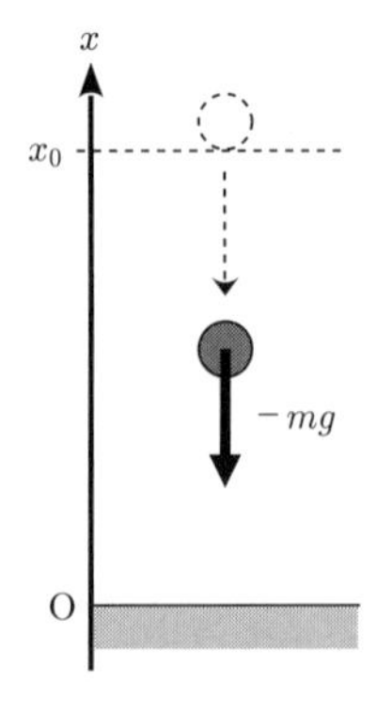

図 2.16

解答　運動方程式は，以下のようになる．

$$m\frac{d^2x}{dt^2} = -mg \tag{2.53}$$

両辺 m を消去して，t で積分すると，

$$\int \frac{d^2x}{dt^2}\,dt = -\int g\,dt$$

$$\frac{dx}{dt} = -gt + C \tag{2.54}$$

となる．C は積分定数である．C は初速度 v_0 だが，$v_0 = 0$ のため，(2.54) 式は，

$$\frac{dx}{dt} = -gt \tag{2.55}$$

となる．これは，自由落下する物体の時間 t における速度を表している．さらに両辺積分すると，

$$\int \frac{dx}{dt}\,dt = -g\int t\,dt$$

$$x = -\frac{1}{2}gt^2 + C \tag{2.56}$$

となる．積分定数 C は，$t = 0$ とすれば，初期位置 x_0 であることがわかる．したがって，

$$x = -\frac{1}{2}gt^2 + x_0 \tag{2.57}$$

となる．時間 t における高さ x が求まった．

例題 2.10　上の自由落下の例題で，地上に達するまでの時間 t_{L}，および，地上に達したときの速度 v_{L} を求めよ．

解答　地上に達するまでの時間 t_{L} を求めよう．地上では，$x = 0$ なので，(2.57) 式より，

$$0 = -\frac{1}{2}gt_{\mathrm{L}}^2 + x_0 \tag{2.58}$$

となる．したがって，

$$t_{\mathrm{L}} = \sqrt{\frac{2x_0}{g}} \tag{2.59}$$

となる．

また，地上に達したときの速度 v_{L} は，(2.55) 式より，

$$v_{\mathrm{L}} = -gt_{\mathrm{L}} = -\sqrt{2x_0 g} \tag{2.60}$$

となる．

例題 2.11　等加速度運動のもう一つの例として**鉛直投げ上げ**を取り上げる．鉛直投げ上げとは，物体を鉛直上向きに投げ上げて，最高到達点に達した後，鉛直下向きに落下を始めるという 1 次元の運動である．

図 2.17 のように，高さ $x = 0$ にいる人が質量 m の物体を地上から初速度 v_0 で鉛直上向きに投げ上げた．重力加速度の大きさを g として，物体の任意の時刻 t における物体の速度，および，高さ x を求めよ．鉛直方向上向きを正とする．また，空気抵抗は無視してよい．

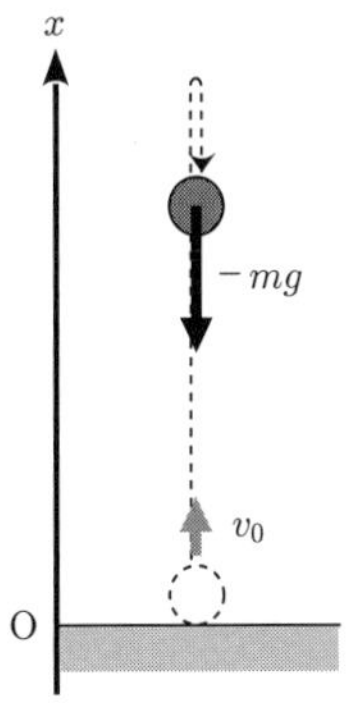

図 2.17

解答　運動方程式は，以下のようになる．

$$m\frac{d^2x}{dt^2} = -mg \tag{2.61}$$

両辺から m を消去して，t で積分すると，

$$\int \frac{d^2x}{dt^2}\,dt = -\int g\,dt$$

$$\frac{dx}{dt} = -gt + C \tag{2.62}$$

となる．C は積分定数である．C は初速度 v_0 なので，(2.62) 式は，

$$\frac{dx}{dt} = -gt + v_0 \tag{2.63}$$

となる．これは，初速度 v_0 で鉛直に投げ上げられた物体の時間 t における速度を表している．さらに両辺積分すると，

$$\int \frac{dx}{dt}\,dt = \int (-gt + v_0)\,dt$$

$$x = -\frac{1}{2}gt^2 + v_0 t + C \tag{2.64}$$

とななる．積分定数 C は，上式を $t = 0$ とすれば初期位置 x_0 であることがわかるが，$x_0 = 0$ より $C = 0$ となる．したがって，

$$x = -\frac{1}{2}gt^2 + v_0 t \tag{2.65}$$

となる．時間 t における高さ x が求まった．

例題 2.12　例題 2.11 の鉛直投げ上げの問題で，最高到達点に達するまでの時間 $t_{\rm H}$，最高到達点の高さ $x_{\rm H}$，地上に達するまでの時間 $t_{\rm L}$，地上に達したときの速度 $v_{\rm L}$ を求めよ．

解答　最高到達点に達するまでの時間 $t_{\rm H}$ を求めよう．最高到達点では，$v=0$ となるため，(2.63) 式より，

$$0 = -gt_{\rm H} + v_0 \tag{2.66}$$

となる．したがって，

$$t_{\rm H} = \frac{v_0}{g} \tag{2.67}$$

となる．

また，最高到達点の高さ $x_{\rm H}$ は，(2.65) 式より，

$$x_{\rm H} = -\frac{1}{2}gt_{\rm H}^2 + v_0 t_{\rm H} = -\frac{1}{2}g\left(\frac{v_0}{g}\right)^2 + v_0\left(\frac{v_0}{g}\right) = \frac{v_0^2}{2g} \tag{2.68}$$

となる．

次に，地上に達する時間 $t_{\rm L}$ を求めよう．地上では $x=0$ なので，(2.65) 式より，

$$0 = -\frac{1}{2}gt_{\rm L}^2 + v_0 t_{\rm L} = t_{\rm L}\left(-\frac{1}{2}gt_{\rm L} + v_0\right) \tag{2.69}$$

となる．$t_{\rm L}$ について解くと，

$$t_{\rm L} = 0,\ \frac{2v_0}{g} \tag{2.70}$$

と 2 つの解が得られる．$t_{\rm L}=0$ は投げ上げる瞬間の時間なので，$t_{\rm L}=\dfrac{2v_0}{g}$ が最高到達点に達してから，再び地上に達するまでの時間である．$t_{\rm H}$ の 2 倍であることがわかる．

また，地上に達したときの速度 $v_{\rm L}$ は，(2.63) 式より，

$$v_{\rm L} = -gt_{\rm L} + v_0 = -v_0 \tag{2.71}$$

となる．投げ上げた物体は，最初と同じ速さで落ちてくることがわかる．

2.4.3 発展 速度に比例する抵抗力がはたらく場合の物体の運動

• 抵抗力がはたらく物体の運動

図 2.18(a) のように，物体が進行方向とは逆方向に v に比例する抵抗力 $-\gamma v$ を受けるとする（γ は定数）．初期位置を $x=0$，初速度は v_0 (>0) であるとき，物体の位置 x が時間 t とともにどのように変化するか考えよう．

物体の運動方程式は，

$$m\frac{d^2x}{dt^2} = -\gamma\frac{dx}{dt} \tag{2.72}$$

となる．左辺の m を右辺に移し，$v=\dfrac{dx}{dt}$ を用いると，

$$\frac{dv}{dt} = -\frac{\gamma}{m}v \tag{2.73}$$

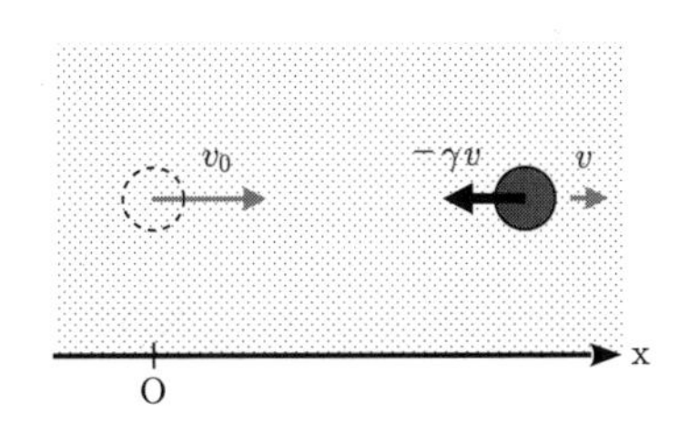

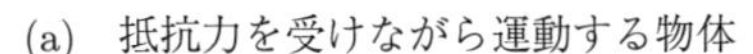

(a) 抵抗力を受けながら運動する物体

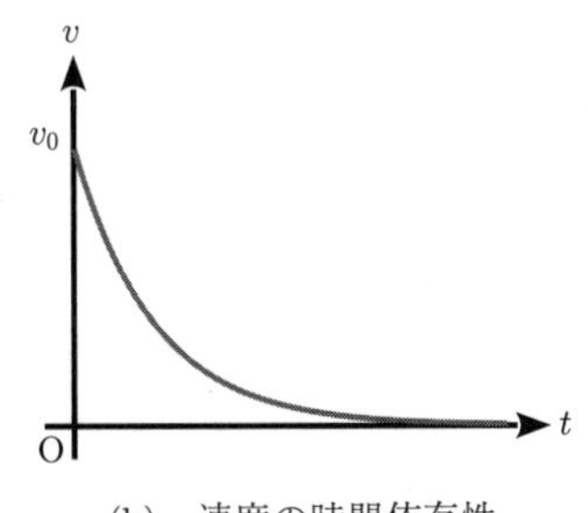

(b) 速度の時間依存性

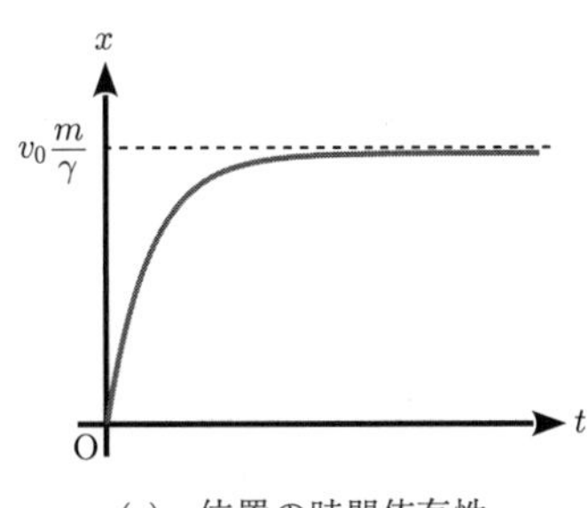

(c) 位置の時間依存性

図 2.18

となる．この微分方程式を解こう．この式を見ると，v を 1 階微分したものが v に比例することがわかる．したがって，v は，

$$v = Ce^{-\frac{\gamma}{m}t} \tag{2.74}$$

という指数関数になっていると考えられる．ここで，C は積分定数である．

積分定数 C を決めよう．$t = 0$ において $v = v_0$ なので，(2.74) 式で $t = 0$ とすると，

$$v_0 = Ce^{-\frac{\gamma}{m}\cdot 0} = C \tag{2.75}$$

となり，積分定数 C が初速度 v_0 であることがわかる．したがって，任意の時間 t における速度は，

$$v = v_0 e^{-\frac{\gamma}{m}t} \tag{2.76}$$

となる．これは，最初 v_0 だった物体の速度が図 2.18(b) のように，時間 t の経過とともに指数関数的に減少していくことを示している．

さらに，$v = \dfrac{dx}{dt}$ を用いて，(2.76) 式を書き直すと，

$$\frac{dx}{dt} = v_0 e^{-\frac{\gamma}{m}t} \tag{2.77}$$

となる．x を求めよう．両辺を t で積分すると，

$$x = -v_0 \frac{m}{\gamma} e^{-\frac{\gamma}{m}t} + C' \tag{2.78}$$

となる．ここで，C' は積分定数である．

積分定数 C' を求めよう．初期位置は $x = 0$ なので，(2.78) 式で $t = 0$ とすると，

$$0 = -v_0 \frac{m}{\gamma} e^{-\frac{\gamma}{m}\cdot 0} + C' = -v_0 \frac{m}{\gamma} + C' \tag{2.79}$$

となる．したがって，

$$C' = v_0 \frac{m}{\gamma} \tag{2.80}$$

である．これを用いると，(2.78) 式は，

$$x = -v_0 \frac{m}{k} e^{-\frac{\gamma}{m}t} + v_0 \frac{m}{\gamma} = v_0 \frac{m}{\gamma}(1 - e^{-\frac{\gamma}{m}t}) \tag{2.81}$$

となる．これは，図 2.18(c) にあるように，最初 0 にあった物体が時間とともに，$x = v_0 \dfrac{m}{\gamma}$ に近づいていくことを示している．

• **変数分離法による解法**

上では (2.73) 式から解を予想して解いた．しかし，付録 A. 4 に示した**変数分離法**を用いれば，解を予想することなく解くこともできる．(2.73) 式の両辺を v で割り，両辺に dt をかけると，

$$\frac{1}{v}\,dv = -\frac{\gamma}{m}\,dt \tag{2.82}$$

という形になる．これは，付録 A. 4 の (6) 式にある**変数分離形**である．両辺を積分すると，

$$\int \frac{1}{v}\,dv = -\frac{\gamma}{m}\int dt \tag{2.83}$$

となり，両辺の積分を実行すると，

$$\log v = -\frac{\gamma}{m}t + C' \tag{2.84}$$

となる．C' は積分定数である．v は，

$$v = e^{-\frac{\gamma}{m}t + C'} = e^{C'}e^{-\frac{\gamma}{m}t} = Ce^{-\frac{\gamma}{m}t} \tag{2.85}$$

となる．最後の式変形は $e^{C'} = C$ とした．これは，(2.74) 式と同じである．後は，(2.74) 式以降と同様に解けばよい．

2.4.4　2 次元の運動

• **放物運動**

力学で初学者が混乱する点は，**力の方向と運動の方向が一致しない場合がある**ことである．そのような例が**放物運動**である．放物運動とは，その名の通り放り投げた物体の運動である．例えば，ボールを斜め上に向かって放り投げると，山なりの軌道を描いてボールは飛んでいく．そのようなボールの運動が放物運動である．

放物運動を解析しよう．放物運動は平面内の運動なので，図 2.19(a) のような水平右向きに x 軸，鉛直上向きに y 軸をとった 2 次元直交座標系を用意する．$t = 0$ で原点にある質量 m の物体が初速度 $\boldsymbol{v}_0 = (v_0\cos\theta, v_0\sin\theta)$ で投げられたとする．この物体の運動方程式を考えよう．空気抵抗を無視すると，物体に加わる力は鉛直下向きの重力のみで，

$$\boldsymbol{F} = m\boldsymbol{g} = (0, -mg) \tag{2.86}$$

と表される．ここで重力加速度 $\boldsymbol{g} = (0, -g)$ を用いた．したがって，運動方程式は，

$$m\frac{d^2\boldsymbol{r}}{dt^2} = m\boldsymbol{g} \tag{2.87}$$

となる．これは，x 成分と y 成分に分解すると，

$$m\frac{d^2x}{dt^2} = 0 \quad (x\ 方向) \tag{2.88}$$

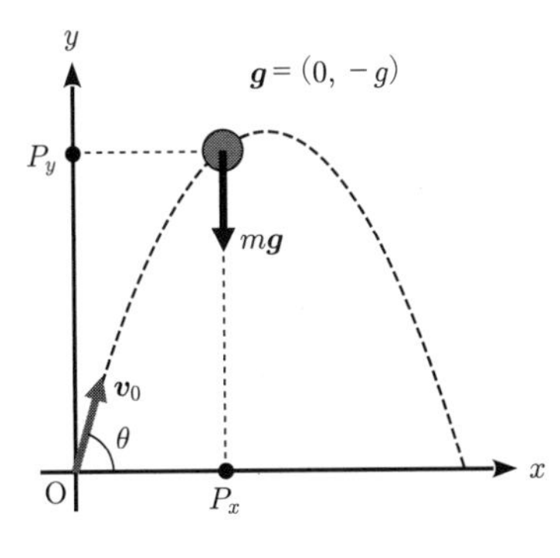

(a)　放物運動する物体

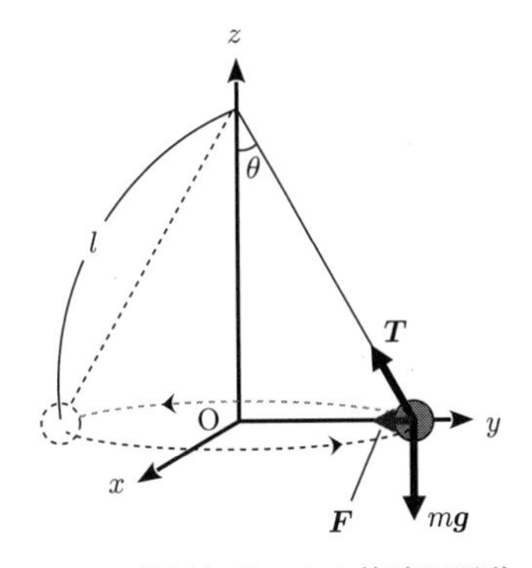

(b)　円錐振り子による等速円運動

図 2.19

$$m\frac{d^2y}{dt^2} = -mg \quad (y\ 方向) \tag{2.89}$$

となる．

この 2 つの運動方程式は何を表しているのか考えよう．物体の位置の x 座標，y 座標を決めるため，物体の位置を表す点 P から x 軸，y 軸へと垂線を下ろした．垂線と x 軸，y 軸との交点を，それぞれ P_x，P_y とする．図 2.19(a) に P_x と P_y の様子を示した．物体が動けば点 P_x，P_y も x 軸，y 軸上を動くため，1 次元の運動をする．したがって，上の 2 つの運動方程式は，x 軸，y 軸上を 1 次元運動している点 P_x，P_y が従う運動方程式と考えられる．この 2 つの運動方程式を解き P_x，P_y の運動がわかれば，点 P の位置 (x, y) にある物体の運動もわかる．

x 方向の運動方程式である (2.88) 式を見てみよう．これは，等速直線運動の運動方程式である (2.35) 式と同じ形をしている．初速度 $\boldsymbol{v}_0$ の x 成分は $v_0\cos\theta$ なので，点 P_x は x 軸上を速度 $v_0\cos\theta$ で等速直線運動する．したがって，任意の時間 t における物体の速度の x 成分 v_x，および，水平方向の位置 x は，

$$v_x = v_0\cos\theta \tag{2.90}$$

$$x = (v_0\cos\theta)t \tag{2.91}$$

となる．

次に，y 方向の運動方程式である (2.89) 式を見てみよう．(2.89) 式は鉛直投げ上げの運動方程式である (2.61) 式と同じ形をしている．初速度 $\boldsymbol{v}_0$ の y 成分は，$v_0\sin\theta$ なので，点 P_y は y 軸上を初速度 $v_0\sin\theta$ での鉛直投げ上げ運動をする．したがって，(2.63) 式，(2.65) 式より，任意の時間 t における物体の速度の y 成分 v_y，および，高さ y は，

$$v_y = -gt + v_0\sin\theta \tag{2.92}$$

$$y = -\frac{1}{2}gt^2 + (v_0\sin\theta)t \tag{2.93}$$

となる．

例題 2.13　上で示したような放物運動をする物体の，最高到達点に達する時間 t_{H} と，そのときの高さ y_{H} はいくらか．

解答　放物運動する物体は y 方向には鉛直投げ上げ運動をしているので，最高到達点に達する時間は (2.67) 式より，

$$t_{\mathrm{H}} = \frac{v_0 \sin\theta}{g} \tag{2.94}$$

となる．

また，t_{H} における高さ y_{H} は，(2.68) 式より，

$$y_{\mathrm{H}} = \frac{(v_0 \sin\theta)^2}{2g} \tag{2.95}$$

となる．

例題 2.14　放物運動する物体はどこに落ちるか．また，最も遠くに落ちるのは，θ がいくつのときか．

解答　再び地面に到達する時間 t_{L} は，t_{H} の 2 倍になる．したがって，(2.94) 式より，

$$t_{\mathrm{L}} = 2t_{\mathrm{H}} = \frac{2v_0 \sin\theta}{g} \tag{2.96}$$

となる．x 方向には速度 $v_0 \cos\theta$ で等速直線運動しているので，放物運動する物体が再び地面に到達するまでに，

$$v_0 \cos\theta t_{\mathrm{L}} = \frac{2v_0^2 \sin\theta \cos\theta}{g} = \frac{v_0^2 \sin 2\theta}{g} \tag{2.97}$$

だけ x 方向に進む．したがって，放物運動する物体は $\left(\dfrac{v_0^2 \sin 2\theta}{g}, 0\right)$ に落ちる．

また，(2.97) 式は $\theta = \dfrac{\pi}{4}$ で最大値 $\dfrac{v_0^2}{g}$ となる．

• **円錐振り子の等速円運動**

等速円運動する物体は，(1.65) 式のような，常に中心方向を向くような加速度を持っていた．したがって，$\boldsymbol{F} = m\boldsymbol{a}$ に基づけば，**等速円運動する物体は常に中心方向に向かう大きさ一定の力 $\boldsymbol{F}$ を受けている**ことになる．したがって，等速円運動の運動方程式は，

$$m\frac{d^2r}{dt^2} = m(r\omega^2) = F \tag{2.98}$$

となる．

等速円運動の例として，円錐振り子の運動がある．図 2.19(b) のように，長さ l の糸の先に質量 m のおもりがついている振り子がある．これを鉛直方向から角度 θ 傾け，初期位置 $\boldsymbol{r}_0 = (l\cos\theta, 0, 0)$，初速度 $\boldsymbol{v}_0 = (0, v_0, 0)$ でおもりを押し出す．空気抵抗や糸の支点での摩擦などが無視できると，おもりは xy 平面内を等速円運動する．

このとき，おもりに加わる力は鉛直下向きに加わる重力 $m\boldsymbol{g}$ と，糸の張力 $\boldsymbol{T}$ の合力である．この力の z 成分はつり合っているので，

$$T\cos\theta = mg \tag{2.99}$$

が成り立ち，張力 T が，

$$T = \frac{mg}{\cos\theta} \tag{2.100}$$

であることがわかる．また，この力の円軌道の中心に向かう方向の成分 F は，

$$F = T\sin\theta = \frac{mg}{\cos\theta}\sin\theta = mg\tan\theta \tag{2.101}$$

となる．ここで，(2.100) 式を用いた．F がわかったので，(2.98) 式のような等速円運動の運動方程式を求めると，

$$m(l\sin\theta\omega^2) = mg\tan\theta \tag{2.102}$$

となる．角速度 ω を求めると，

$$\omega = \sqrt{\frac{g}{l\cos\theta}} \tag{2.103}$$

となる．

章末問題　2

問 2.1　放物運動において，物体の初速度を (v_{x0}, v_{y0}) とする $(v_{x0} > 0,\ v_{y0} > 0)$．積 $v_{x0}v_{y0}$ を一定に保つようにして，v_{x0} と v_{y0} を変化させながら物体を放り上げることを繰り返した．このとき，水平方向の飛行距離についてどのようなことが言えるか．

問 2.2　投手が高さ 172.5 cm のところから水平にボールを投げた．18 m 離れたホームベース上ではボールの高さは 50.0 cm であった．ボールの初速度の大きさを求めよ．空気の抵抗は無視できるとして，重力加速度の大きさは $g = 9.8\,\mathrm{m/s^2}$ とする．

問 2.3　直線上の質量 m の物体の運動を考え，物体の位置座標を x とする．物体にかかる x 方向の力が時間 t の関数として $F = \beta t^2$ で与えられる．ただし，β は正の定数である．

(1)　β はどのような次元を持つか．

(2)　この物体の加速度 a を求め，それが時間とともにどのように変化するか説明せよ．

問 2.4　図 1 のように，摩擦のある斜面の上にある質量 M の物体が，ひもで引っ張られている．ひもはなめらかに回転する滑車にかけられており，ひもの反対側には地面からの高さ h の位置に質量 m のおもりがつり下げられているとする．斜面と物体の間の静止摩擦係数を μ，動摩擦係数を μ' として，次の問に答えよ．

(1)　斜面に置かれた物体が斜面を登り始めないための条件を求めよ．

(2)　物体が斜面を登り始めたとき，反対側につり下げられている質量 m の物体の運動方程式を求めよ．

(3)　(2)で求めた運動方程式から，落ちる質量 m の物体の速度 v，および，高さ x の落ちはじめからの時間 t との関係を求めよ．

問 2.5　**発展**　図 2 のように，質量 m の物体が，x_0 の高さから速度 v に比例する抵抗力 $-\gamma v$ を受けながら落下する．落ちはじめてからの時間を t，物体の初速度を 0，重力加速度の大きさを g とする．以下の問題に答えよ．

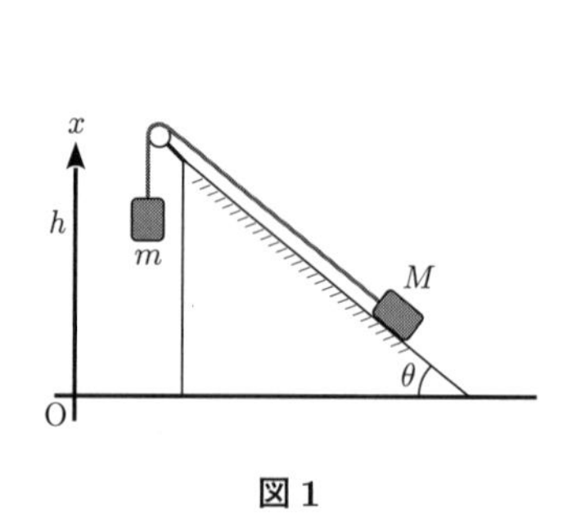

図 1

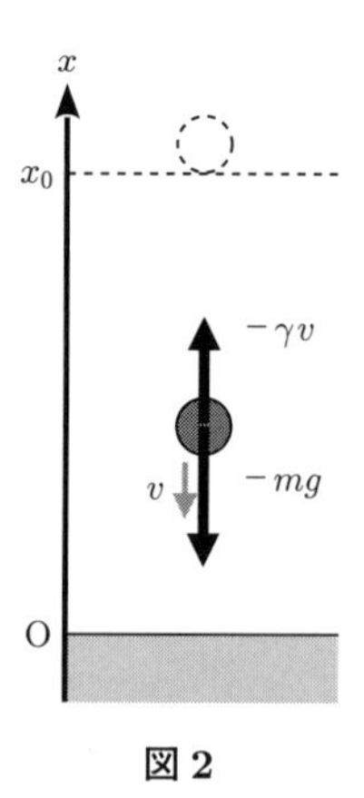

図 2

(1)　物体の運動方程式を書け.

(2)　任意の時間 t における物体の速度を求めよ.

(3)　任意の時間 t における物体の位置を求めよ.

3 仕事とエネルギー

日常生活において，仕事やエネルギーという言葉はよく用いられる．この章では，物理学における仕事やエネルギー，さらにはエネルギーの保存則について学ぶ．

3.1 力と仕事

3.1.1 仕　事

一定の大きさの力が作用して物体が移動するとき，この力がする**仕事** (work) は次のように定義される．

仕　事（力の大きさが一定で，力の向きと移動の向きが同じ場合）

$$W = Fd \tag{3.1}$$

ここで W は仕事，F は力の大きさ，d は物体の移動距離を表す（図 3.1）．仕事の単位は，力の単位 $\mathrm{N} = \mathrm{kg{\cdot}m/s^2}$（ニュートン）と距離の単位 m（メートル）の積で与えられ，これを **J（ジュール）** という．

(3.1) 式は**力の向きと物体の移動の向きが同じ場合**に成り立つ．力の向きと物体の移動の向きが異なる場合には，次のように表される（図 3.2）．

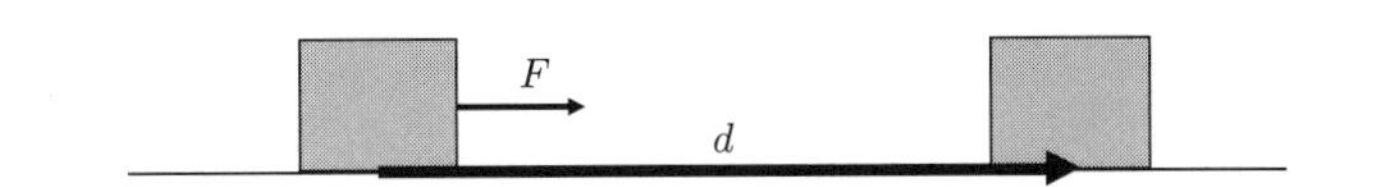

図 3.1　仕事（力の大きさが一定で，力の向きと移動の向きが同じ場合）

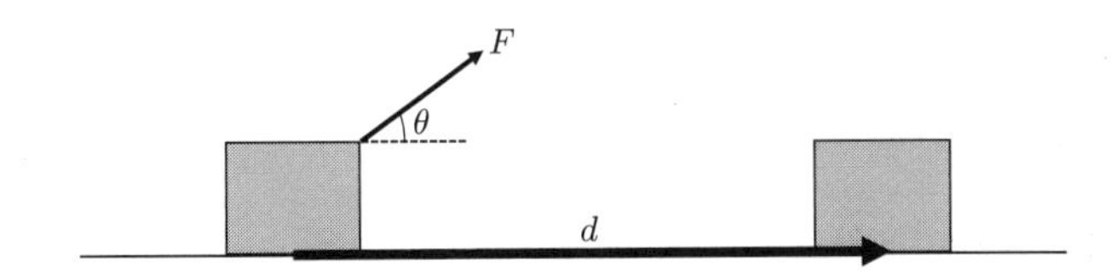

図 3.2　仕事（力の大きさが一定で，力の向きと移動の向きが異なる場合）

仕　事（力の大きさが一定で，力の向きと移動の向きが異なる場合）

$$W = Fd\cos\theta \tag{3.2}$$

ここで θ は力の向きと物体の移動の向きとのなす角を表す．$0 \leqq \theta < \dfrac{\pi}{2}$ のとき W は正であり，$\dfrac{\pi}{2} < \theta \leqq \pi$ のとき W は負となる．また $\theta = \dfrac{\pi}{2}$，つまり力の向きと物体の移動の向きが直交する場合，W は 0 となる．

例　重力に逆らってする仕事

質量 m の物体を，重力 mg に逆らってゆっくり持ち上げるときの手の筋力の強さ F は，重力の大きさ mg とほぼ同じで，$F = mg$ とみなせる．この筋力で物体を高さ h まで真上に持ち上げるとき，筋力のする仕事は $W = mgh$ となる．

ここまでは力の大きさが一定の場合を考えた．**力の大きさが物体の位置とともに変化する場合**には，次のように表される．

仕　事（力の大きさが物体の位置とともに変化する場合）

$$W(x_1 \to x_2) = \int_{x_1}^{x_2} F(x)\,dx \tag{3.3}$$

ここで $W(x_1 \to x_2)$ は，物体を x_1 から x_2 まで移動させるのに力がする仕事，$F(x)$ は点 x における力の大きさを表す．

(3.3) 式より，横軸に変位，縦軸に力をとってグラフにすると，仕事は図 3.3 のグラフの**斜線部の面積**に相当することが分かる．力の大きさが一定の場合には，仕事は図 3.4 のように，単純に長方形の面積 Fd で与えられる．力が負の場合には，仕事は面積にマイナス符号をつけたものになる点に注意する．

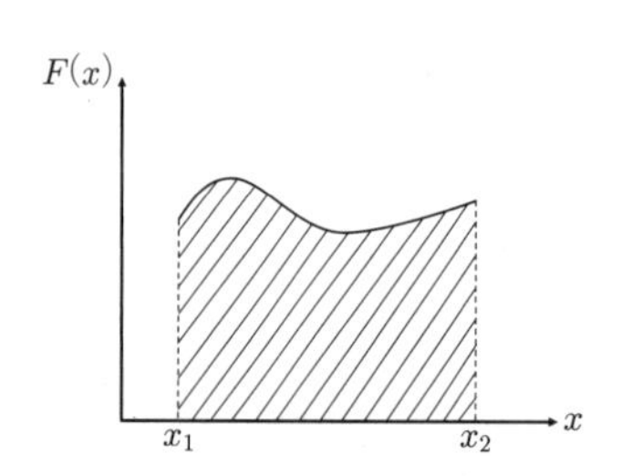

図 3.3　力の大きさが物体の位置とともに変化する場合

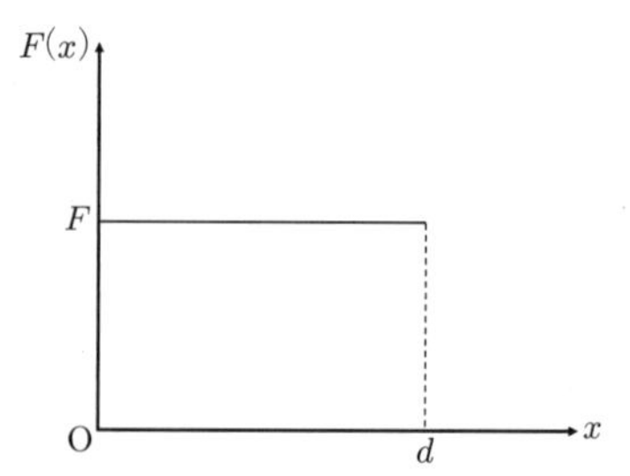

図 3.4　力の大きさが一定の場合

3.1.2 運動エネルギーおよび仕事と運動エネルギーの関係

物体がある速さで運動するとき，この物体の**運動エネルギー** (kinetic energy) は次のように定義される．

運動エネルギー

$$K = \frac{1}{2}mv^2 \tag{3.4}$$

ここで K は運動エネルギー，m は物体の質量，v は物体の速さを表す．運動エネルギーの単位は，仕事の単位と同じ J（ジュール）である*．

* 仕事とエネルギー．この 2 つの単語の語源は，ergon（エルゴン）という 1 つの単語から来ている．

例題 3.1 運動エネルギーの単位が J（ジュール）であることを示せ．

解答 質量の単位が kg，速さの単位が m/s であることから，運動エネルギーの単位は，$\mathrm{kg} \times (\mathrm{m/s})^2 = (\mathrm{kg{\cdot}m/s^2}) \times \mathrm{m} = \mathrm{N{\cdot}m}$ となることが分かる．これは仕事の単位と同じ J である．

運動の第 2 法則によれば，力が物体に作用すれば加速度が生じ，物体の速度は変化する．力の向きと運動の向きが同じ場合には，力は正の仕事を行い運動エネルギーは増加する．力の向きと運動の向きが逆向きの場合には，力は負の仕事を行い運動エネルギーは減少する．これは次のように表される．

仕事と運動エネルギーの関係

$$\frac{1}{2}mv_2^2 - \frac{1}{2}mv_1^2 = W(x_1 \to x_2) \tag{3.5}$$

ここで，時刻 t_1 のときの物体の位置と速さを x_1 および v_1，時刻 t_2 のときの物体の位置と速さを x_2 および v_2 としている（図 3.5）．

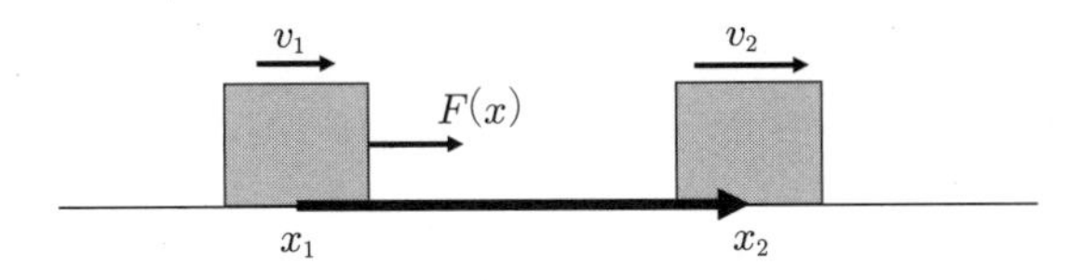

図 3.5 仕事と運動エネルギーの関係

発展　(3.5) 式の導出

1 次元直線上を運動する質量 m の物体の運動方程式から出発する．

$$m\frac{dv}{dt} = F(x) \tag{3.6}$$

この式の両辺に v を掛けると，

$$mv\frac{dv}{dt} = Fv \tag{3.7}$$

となる．$P = Fv$ を**仕事率** (power) という．仕事率の単位は **W（ワット）** である．ここで

$$\frac{d}{dt}(v^2) = \frac{d(v^2)}{dv}\frac{dv}{dt} = 2v\frac{dv}{dt} \tag{3.8}$$

となることから，(3.7) 式は次のように表される．

$$\frac{d}{dt}\left(\frac{1}{2}mv^2\right) = Fv = F(x)\frac{dx}{dt} \tag{3.9}$$

(3.9) 式の最右辺の変形で，位置と速度の関係 $v = \dfrac{dx}{dt}$ を用いた．(3.9) 式の両辺を，$t = t_1$ から $t = t_2$ まで積分すると

$$\int_{t_1}^{t_2} \frac{d}{dt}\left(\frac{1}{2}mv^2\right) dt = \int_{t_1}^{t_2} F(x)\,\frac{dx}{dt}\,dt = \int_{x_1}^{x_2} F(x)\,dx \tag{3.10}$$

となる．ここで (3.10) 式の中央から最右辺への式変形において，$\dfrac{dx}{dt}dt = dx$，すなわち積分変数が t から x に置き換わることを用いた[*1]．これより，右の式の積分範囲は x_1 から x_2 となる．一方，左辺は t で積分できて

$$\left[\frac{1}{2}mv^2\right]_{v_1}^{v_2} = \frac{1}{2}mv_2^2 - \frac{1}{2}mv_1^2 \tag{3.11}$$

となる[*2]．(3.3) 式と (3.11) 式を組み合わせると，(3.5) 式が得られる．この導出から，「**なぜ運動エネルギーには $\dfrac{1}{2}$ がつくのか？**」が理解できるであろう．

---

*1　これは置換積分にほかならない．

*2　t の任意の関数 $f(t)$ に対して，$\displaystyle\int \frac{d}{dt}\,(f(t))\,dt = f(t) + C$（$C$ は積分定数）となることを使っている．

3.2 ポテンシャルエネルギーと力学的エネルギー保存則

3.2.1 ポテンシャルエネルギー

前節では仕事と運動エネルギーを定義した．ここでは**ポテンシャルエネルギー** (potential energy) を定義する．質点が力 $F(x)$ を受けて，ある位置 x から x_0 まで移動するときの仕事は，(3.3) 式より $W(x \to x_0)$ と表される．$W(x \to x_0)$ **が途中の経路とは無関係に，常に決まった値となる**ような力 $F(x)$ を**保存力**という．保存力 $F(x)$ について，以下の式が定義される．

ポテンシャルエネルギー

$$U(x) \equiv -\int_{x_0}^{x} F(x)\,dx = W(x \to x_0) \tag{3.12}$$

$U(x)$ を，x_0 **を基準点としたときのポテンシャルエネルギー**という[*1]．このように，$U(x)$ は常に基準点を定めた上で決まる量であることに注意する[*2]．(3.12) 式は，物体にはたらく力 $F(x)$ に逆らって仕事をした結果，物体に付与されるエネルギーと考えることができる．

*1 単にポテンシャルということもある．

*2 $U(x_0) = 0$ となるように基準点を選ぶと便利である．

例題 3.2 地面から高さ h の位置にある質量 m の質点のポテンシャルエネルギーを求めよ．

解答 地面を原点とし，地面に対して鉛直上向きを z 軸の正の向きに選ぶ．このとき，質量 m の質点にはたらく重力は $-mg$ と表される．よってポテンシャルエネルギーは，

$$U_{\text{重力}} = -\int_{0}^{h} (-mg)\,dz = mgh$$

と表される．ここで，基準点を $z = 0$ にとった．

(3.12) 式を微分すると，次のように表すことができる．

ポテンシャルエネルギー（微分形）

$$\frac{dU}{dx} = \frac{d}{dx}\left(-\int_{x_0}^{x} F(x)\,dx\right) = -F(x) \qquad \longrightarrow \qquad F(x) = -\frac{dU(x)}{dx} \tag{3.13}$$

力はポテンシャルエネルギーの基準点の選び方によらない点に注意する．これについて，次の例題を考えてみよう．

例題 3.3　5章で見るように，ばねにつながれた物体のポテンシャルエネルギーは，ばねの自然長からの変位を x，ばね定数を k として次のように表される．

$$U(x) = \frac{1}{2}kx^2$$

このとき，ばねによる弾性力を求めよ．

解答　(3.13) 式より，弾性力は

$$F(x) = -\frac{dU(x)}{dx} = -kx$$

と表される．これは2章におけるフックの法則による復元力である．

(3.3) 式において，点 x_1 と x_2 の間に点 x_0 を考えると

$$W(x_1 \to x_2) = \int_{x_1}^{x_2} F(x)\,dx = \int_{x_1}^{x_0} F(x)\,dx + \int_{x_0}^{x_2} F(x)\,dx$$
$$= -\int_{x_0}^{x_1} F(x)\,dx - \left(-\int_{x_0}^{x_2} F(x)\,dx\right)$$

となるが，このとき x_0 をポテンシャルエネルギーの基準点に選ぶと，次のことが示される．

仕事とポテンシャルエネルギーの関係

$$W(x_1 \to x_2) = U(x_1) - U(x_2) \tag{3.14}$$

これより，物体に力 $F(x)$ を加えて x_1 から x_2 まで移動させたときの仕事は，**それぞれの位置におけるポテンシャルエネルギーの差に等しい**ことが分かる．

3.2.2　力学的エネルギー保存則

力が保存力だけである場合は，(3.5) 式と (3.14) 式より，

$$\frac{1}{2}mv_2^2 - \frac{1}{2}mv_1^2 = U(x_1) - U(x_2) \quad \longrightarrow \quad \frac{1}{2}mv_1^2 + U(x_1) = \frac{1}{2}mv_2^2 + U(x_2) \tag{3.15}$$

と表される．(3.15) 式は，**運動エネルギーとポテンシャルエネルギーそれぞれは時間とともに変化するが**（物体の位置や速度は時間とともに変化するので），**その和は常に一定である**ことを意味している．この和を**力学的エネルギー** (mechanical energy) とよぶ．

力学的エネルギー

$$E = \frac{1}{2}mv^2 + U(x) \tag{3.16}$$

このとき，(3.16) 式は常に一定の値をとる．これを**力学的エネルギー保存則** (conservation law of mechanical energy) という．3.2.1 で現れた保存力という言葉は，この力学的エネルギーを保存する力という意味から来ている．保存力の例としては，例題にあった重力の他に，ばねの復元力，万有引力，電気力（クーロン力）などがある．

例　重力が作用するときの力学的エネルギー
物体に重力が作用するときの力学的エネルギーは次のように表される．

重力が作用するときの力学的エネルギー

$$E = \frac{1}{2}mv^2 + mgh \tag{3.17}$$

物体にはたらく力には，保存力以外にも次のような力がある．
- 束縛力 ⋯ 作用する物体に仕事をしない力
- 非保存力 ⋯ 物体に行う仕事が途中の経路によって一つに定まらない力

束縛力の例としては**垂直抗力**や**ローレンツ力**がある．非保存力の例としては**摩擦力**や**空気や水の抵抗力**などがある．

例題 3.4　図 3.6 のように，摩擦のある水平面上で質量 m の物体を，原点 O ($x = 0$) から $x = x_1$ まで移動させる場合を考える．(i) 物体を $x = x_1$ まで直接移動させる場合と，(ii) 物体を $x = x_2$ ($> x_1$) まで移動させ，その後に $x = x_1$ に戻す場合のそれぞれの仕事を求めよ．

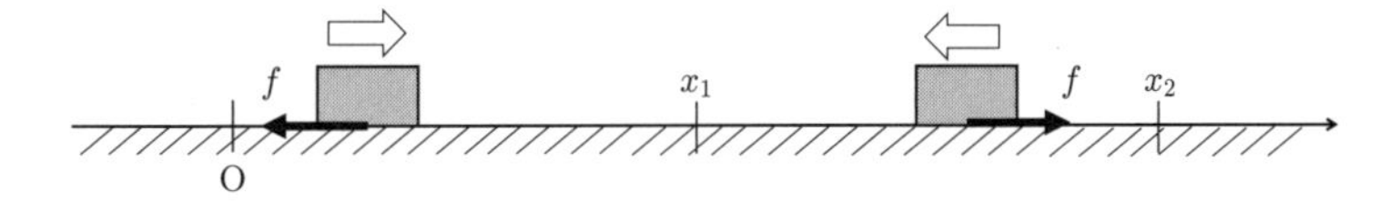

図 3.6　非保存力のする仕事

解答　動摩擦力は物体の移動と逆向きに，一定の大きさ f ではたらくことに注意する．(i) の場合の動摩擦力のする仕事は，(3.1) 式で $\theta = \pi$ として，

$$W_{\mathrm{i}} = -fx_1$$

と表される．一方 (ii) の場合，原点から $x = x_2$ まで移動するのに動摩擦力のする仕事は

$$W_{\mathrm{ii},1} = -fx_2$$

と表される．次に $x = x_2$ から $x = x_1$ まで戻るのに動摩擦力のする仕事は

$$W_{\mathrm{ii},2} = -f(x_2 - x_1)$$

と表される．したがって (ii) の場合，動摩擦力のする仕事は

$$W_{\mathrm{ii}} = W_{\mathrm{ii},1} + W_{\mathrm{ii},2} = -f(2x_2 - x_1)$$

と表される．これより $W_{\mathrm{i}} \neq W_{\mathrm{ii}}$ となり，2 つの仕事 W_{i} と W_{ii} は一致しない．

発展　高次元への拡張

ここまでの1次元での結果を，高次元（2次元，3次元）に拡張するには

$$x \longrightarrow \boldsymbol{r}$$

$$v \longrightarrow \boldsymbol{v}$$

$$F(x) \longrightarrow \boldsymbol{F}(\boldsymbol{r})$$

と置き換えればよい．例えば (3.3) 式の高次元への拡張は，次のように表される．

$$W(\boldsymbol{r}_1 \to \boldsymbol{r}_2) = \int_{\mathrm{C}} \boldsymbol{F}(\boldsymbol{r}) \cdot d\boldsymbol{r} \tag{3.18}$$

ただしここでCは，位置 $\boldsymbol{r}_1$ から $\boldsymbol{r}_2$ を結ぶ積分経路を表す*．また $\boldsymbol{F} = (F_x, F_y, F_z)$，$d\boldsymbol{r} = (dx, dy, dz)$ とすると

$$W(\boldsymbol{r}_1 \to \boldsymbol{r}_2) = \int_{\mathrm{C}_x} F_x\, dx + \int_{\mathrm{C}_y} F_y\, dy + \int_{\mathrm{C}_z} F_z\, dz \tag{3.19}$$

と表される．ここで C_x，C_y，C_z は，曲線Cの各成分の向きに射影された積分経路を表す．$\boldsymbol{F}$ が保存力のとき，W は途中の経路に依らず，始点と終点だけで求まる．

* 一般に経路Cは曲線である．C上の積分を線積分 (line integral) という．

例題 3.5　図3.7のように，高さ h の斜面があり，斜面の頂点に質量 m の小球が置かれている．経路Aは斜面に沿った経路を表す．経路Bは鉛直に地面まで落下し，そこから水平に移動する経路を表す．このときそれぞれの経路で重力が小球にする仕事を求め，それが等しいことを示せ．

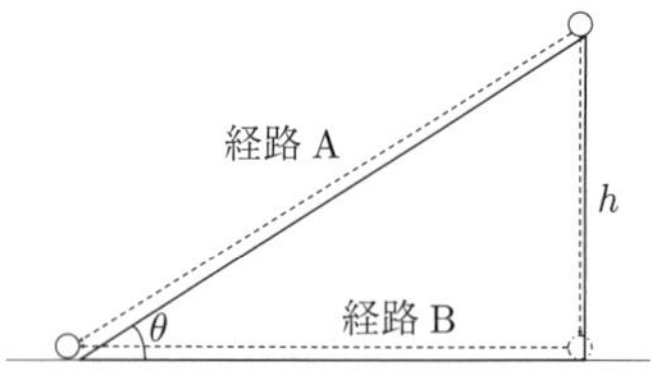

経路A
h
θ
経路B

図 3.7　保存力のする仕事

解答　経路Aに沿った仕事 W_{A} は，(3.2) 式を用いて考えると，

$$W_{\mathrm{A}} = mg \times \frac{h}{\sin\theta} \times \cos\left(\frac{\pi}{2} - \theta\right) = mgh$$

と表される．一方，経路Bに沿った仕事 W_{B} は，水平方向の移動において重力が仕事をしないことに注意すると

$$W_{\mathrm{B}} = mg \times h + 0 = mgh$$

と表される．ここでは2つの経路しか考えなかったが，任意の経路で $W = mgh$ となる．これより，重力は保存力の一種であることがいえる．

3.2.3　運動の可動範囲

前節で力学的エネルギー保存則を学んだ．ここではそれを用いて，物体の運動の区間について考察する．(3.16) 式より

$$\frac{1}{2}mv^2 = E - U(x)$$

と変形できるが，この式の左辺は必ずゼロ以上である．よって次の不等式が成り立つ．

運動の可動範囲

$$U(x) \leqq E \tag{3.20}$$

物体の力学的エネルギー E に対して，ポテンシャル $U(x)$ はそれを越えることはない．(3.20) 式は x の領域，すなわち物体の運動できる範囲を指定する不等式である．これを**運動の可動範囲**と呼ぶ．(3.20) 式を具体的なポテンシャルエネルギーの形や，エネルギーの初めの値について調べることで，それぞれの場合における，物体のおよその運動の様子を知ることができる．これについて，次の例題を考えてみよう．

例題 3.6　惑星が他の星から受ける万有引力によるポテンシャルエネルギー $U(x)$ は，図 3.8 のように表される*．この惑星の運動の可動範囲について説明せよ．

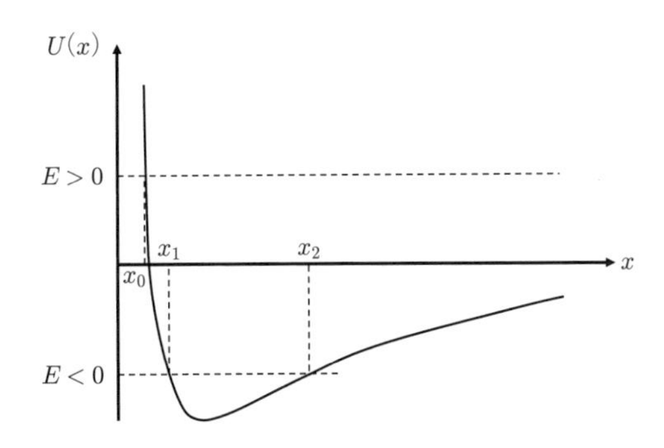

図 3.8　ポテンシャルエネルギーと運動の可動範囲

解答　このとき，全エネルギー E の正負によって運動の様子が異なる点に注意する．$E > 0$ の場合，(3.20) 式を満たす運動の可動範囲は $x > x_0$ となる．一方 $E < 0$ の場合，運動の可動範囲は $x_1 < x < x_2$ となる．

* 正確には遠心力の影響も含んでいる．また今の場合，ポテンシャルエネルギーの基準点は無限遠点である．このため $U(x)$ には，負となる領域が存在する点に注意が必要である．

3.2.4　エネルギー保存則の一般化

以下で，力学的エネルギーが保存しない 2 つの例を考えよう．

- 物体を手やクレーンで高い所に持ち上げる場合
- 水中での物体の落下や人が滑り台を滑り降りる場合

前者の場合には，手やクレーンが物体にする仕事によって物体の力学的エネルギー（実際には重力ポテンシャルエネルギー）が増加する．また後者の場合には，重力ポテンシャルエネルギーは重力がする仕事になるが，この仕事の多くの部分は物体の運動エネルギーにはならない．前者では筋肉やガソリンに含まれる「化学エネルギー」が手やクレーンを仲立ちにして物体の重力ポテンシャルになっているし，後者では「抵抗力」や「摩擦力」が仲立ちして，その分だけ熱に変わる．熱はエネルギーの一形態であり，熱エネルギーは「内部エネルギー」とよばれる，物体を構成している分子の熱運動のエネルギーの増加を意味する．このように，世の中には様々なエネルギーの形態が存在する．

- 化学エネルギー ⋯ 燃焼などの化学変化によって得られる（失われる）エネルギー
- 核エネルギー ⋯ ある種の原子核反応から生じるエネルギー

このように考えると，エネルギーの形態は変化し存在場所は移動するが，外部と熱や仕事のやりとりをしない物体集団のもつエネルギーの総量は常に一定で，増加したり減少したりすることはない．この事実を**エネルギー保存則**という．これは現代物理学におけるもっとも基本的な法則の一つとして認められている．

章末問題　3

問 3.1　2 次元平面内で，大きさ 1 N で一定の向きをもった力 $\boldsymbol{F}$ を物体にかけ続けたところ，物体は力の方向から反時計まわりに 60 度の方向に，直線的に 1 m 進んだ後，そこから時計まわりに 120 度向きを変え，直線的に 1m 進んだ．このとき，力 $\boldsymbol{F}$ 以外に物体に力は働いているか．また，力 $\boldsymbol{F}$ のした仕事を求めよ．

問 3.2　ポテンシャルエネルギーを $U(x) = |x-2|$ とする．質点の力学的エネルギーが $E = 3$ のとき，物体の運動の可動範囲を x の不等式で表せ．

問 3.3　**発 展**　質量 m の質点が，質量 M，半径 R の一様な薄い円板の中心軸上，中心 O から距離 x の位置にあるとき，円板から受ける万有引力によるポテンシャルエネルギーを求めよ．ただし，ポテンシャルエネルギーの基準は無限遠点とし，万有引力定数を G とする．

4 運動量

物体の運動は運動方程式によって原理的に予測することが可能であるが，現実の世界では多数の物体が影響し合うのが一般的であり，連立する運動方程式の数が膨大となるために，それらを解くことが不可能となる場合が多い．このようなときにも，その全体の挙動は保存則に従うことになる．前章のエネルギー保存則に続いて，本章では運動量保存則を紹介する．

運動量は，物体の運動に関する基本的な量であり，運動量を用いることで，物体の質量が変化する場合を含めて，物体の運動が統一的に記述される．

4.1 運動量と力積

ある瞬間における物体の運動状態を向きと大きさを含めて定式化することを考えよう．まず，運動の向きが，速度の向きとなることは明らかである．また，運動の大きさにおいても，速度の大きさが含まれることは明らかである．では，物体の速度を考えるだけで，その物体の運動を表していると言えるだろうか．物体には質量が備わっており，質量の違いによって，等しい力を受けた場合においても，その後の運動状態に違いが現れる．したがって，質量も運動状態の定式化において，含まれるべき量であると考えられる．

前章においては，運動状態を表す物理量として質量と速度の自乗を含む運動エネルギーが定義された．ただし，運動エネルギーはスカラー量であり，向きについての情報が含まれていなかった．本章では，ベクトル量となる**運動量** (momentum) が次のように定義される*．

* 物体の運動状態は，質量と速度の両方が含まれることによって，十分に表現されると考えられる．2つの物体が異なる場所，異なる時間で運動していたとしても，それらの違いは問題にならない．ニュートンによって体系化された力学においては，空間は一様かつ等方的であり，時間も一様であると考えるからである．また，物体の大きさや形状の違いも問題とならない．7章で学ぶように，大きさをもつ物体であっても，質量中心となる1点を考えることができるからである．

運動量

$$\boldsymbol{p} = m\boldsymbol{v} \tag{4.1}$$

この式は質量が変化しない1つの物体について書かれており，$\boldsymbol{p}$ は運動量，m は質量，$\boldsymbol{v}$ は速度を表す．運動方程式は運動量を用いて次のように表すことができる．

$$\boldsymbol{F} = m\boldsymbol{a} = m\frac{d\boldsymbol{v}}{dt} = \frac{d(m\boldsymbol{v})}{dt} = \frac{d\boldsymbol{p}}{dt} \tag{4.2}$$

両辺に dt をかければ，

$$d\boldsymbol{p} = \boldsymbol{F}\,dt \tag{4.3}$$

となる．運動量の変化は，力とそれの加えられた時間の積に等しいことが示された．この式の右辺を**力積** (impulse) という．力が一定であるとき，力がかけられた方向に，時間 Δt の間に変化する運動量の大きさ $\Delta p_{\parallel}$ は，

$$\Delta p_{\parallel} = F\Delta t \tag{4.4}$$

と書ける．

力が時間に対して変化する場合を含めて，力積 $\boldsymbol{J}$ は一般に次のように書ける．

力　積

$$\boldsymbol{J} = \int \boldsymbol{F}(t)\,dt \tag{4.5}$$

(4.3) 式を積分することで，運動量と力積の関係は以下のように求まる．

運動量と力積の関係

$$\boldsymbol{p}(t_2) - \boldsymbol{p}(t_1) = \int_{t_1}^{t_2} \boldsymbol{F}(t)\,dt \tag{4.6}$$

なお，各 x，y，z 成分について成り立つ式は，

$$p_i(t_2) - p_i(t_1) = \int_{t_1}^{t_2} F_i(t)\,dt \qquad (i = x, y, z) \tag{4.7}$$

である．力が一定であるなら，

$$p_i(t_2) - p_i(t_1) = F_i(t_2 - t_1) \qquad (i = x, y, z) \tag{4.8}$$

と簡単に書くことができる．一定の力でなく，時間平均した力について成り立つ式と見てもよい．力がはたらいていないとき，当然のことながら，運動量は一定である．

例題 4.1　5 m/s で走る自転車がブレーキをかけて 1 s 後に静止した．自転車と人を合わせた質量が 60 kg であるとき，ブレーキの平均の力の大きさを求めよ．

解答　(4.8) 式より，

$$60\,\mathrm{kg} \cdot 5\,\mathrm{m/s} = \overline{F} \cdot 1\,\mathrm{s}$$

が成り立つ．したがって

$$\overline{F} = 300\,\mathrm{N}$$

となる．

4.2 運動量保存則

図 4.1 のような 2 つの物体の衝突を考えよう．衝突時において，それぞれの物体は互いに力を及ぼし合うことになる．このときの運動方程式は，作用・反作用の法則が成り立つことに注意して，

$$\begin{cases} \dfrac{d\boldsymbol{p}_1}{dt} = \boldsymbol{F}_{1\leftarrow 2} & (4.9) \\ \dfrac{d\boldsymbol{p}_2}{dt} = \boldsymbol{F}_{2\leftarrow 1} = -\boldsymbol{F}_{1\leftarrow 2} & (4.10) \end{cases}$$

と書ける．衝突前後においては力が 0 となるが，上式は依然として成立する．両辺の和をとれば，

$$\frac{d\boldsymbol{p}_1}{dt} + \frac{d\boldsymbol{p}_2}{dt} = \frac{d}{dt}(\boldsymbol{p}_1 + \boldsymbol{p}_2) = 0 \tag{4.11}$$

となる．したがって，

$$\boldsymbol{p}_1 + \boldsymbol{p}_2 = \text{const.} \tag{4.12}$$

となり，運動量の和が衝突の前後で一定に保たれることが示された（式中の const. は一定の意味）．いま，この 2 物体は衝突時に互いに力（**内力**）を及ぼし合うが，外から別の力（**外力**）を受けていないことに注意しよう．このことが**運動量保存則**が成立するための条件となる．

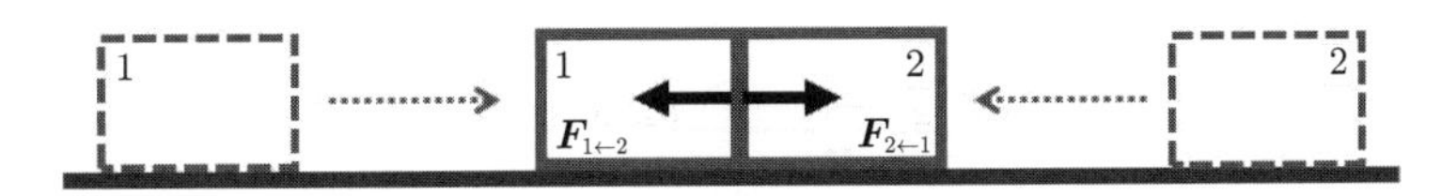

図 4.1　2 つの物体の衝突

運動量保存則および内力と外力の理解を深めるために，もう 1 つの例を考えよう．いま，図 4.2 のように，惑星 P 上に，物体 1 と 2 があるとする．物体 1，2 は，（例えば，衝突を起こすなどして）互いに力を及ぼし合う．このとき，物体 1 と 2 の間に運動量保存則は成立するであろうか．

各物体には，惑星 P からの万有引力がはたらいている．したがって，物体 1，2 の運動量を $\boldsymbol{p}_1$，$\boldsymbol{p}_2$ としたときの運動方程式は，

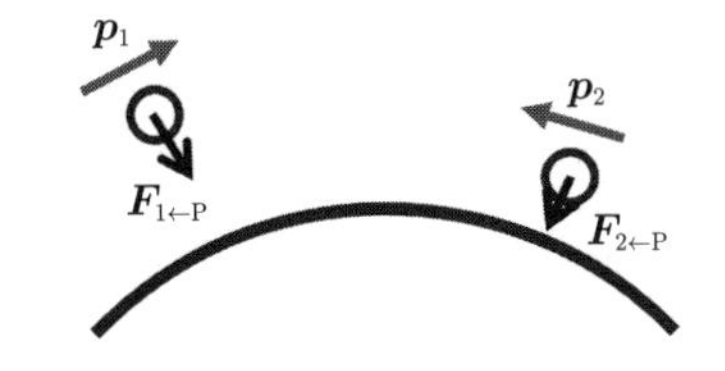

図 4.2　惑星 P 上で運動する物体 1 と 2

$$\begin{cases} \dfrac{d\boldsymbol{p}_1}{dt} = \boldsymbol{F}_{1\leftarrow 2} + \boldsymbol{F}_{1\leftarrow \mathrm{P}} & (4.13) \\ \dfrac{d\boldsymbol{p}_2}{dt} = \boldsymbol{F}_{2\leftarrow 1} + \boldsymbol{F}_{2\leftarrow \mathrm{P}} & (4.14) \end{cases}$$

となる．ここで，両式の右辺の第 1 項は物体 1，2 の内力であって，互いに打ち消し合う関係にある．しかし，両式の右辺の第 2 項には，両物体にはたらく惑星 P からの力が示されている．したがって，上式の和をとると，

$$\frac{d}{dt}(\boldsymbol{p}_1 + \boldsymbol{p}_2) = \boldsymbol{F}_{1\leftarrow \mathrm{P}} + \boldsymbol{F}_{2\leftarrow \mathrm{P}} \neq 0 \tag{4.15}$$

となって運動量は保存されない．このことは，2 物体にとっての外力が存在したことに由来する．一方，惑星 P の運動方程式は，運動量を $\boldsymbol{P}$ として，

$$\frac{d\boldsymbol{P}}{dt} = \boldsymbol{F}_{\mathrm{P}\leftarrow 1} + \boldsymbol{F}_{\mathrm{P}\leftarrow 2} \tag{4.16}$$

となる．ここで，惑星 P と各物体との間ではたらく万有引力にも作用・反作用の法則が成り立ち，万有引力はこれらの中で内力と見なせることに注意しよう．したがって，(4.13)，(4.14)，(4.16) 式の和をとれば，

$$\frac{d}{dt}(\boldsymbol{p}_1 + \boldsymbol{p}_2 + \boldsymbol{P}) = 0 \tag{4.17}$$

となる．したがって

$$\boldsymbol{p}_1 + \boldsymbol{p}_2 + \boldsymbol{P} = \mathrm{const.} \tag{4.18}$$

となり，物体 1，2 と惑星 P を含めた系において運動量保存則が成立することになる．このように，運動量保存則を成立させるには，力を及ぼし合っている対象全体をきちんと切り出すことが必要である．

以上の議論を一般化すると次のように述べることができる．運動量保存則は，任意の N 個の物体が互いに力を及ぼし合っていて，外から力を受けていない場合において成り立つ．孤立した $N = 1$ の場合についてももちろん成立する．

運動量保存則

$$\boldsymbol{p}_{\mathrm{total}} = \sum_{i=1}^{N} \boldsymbol{p}_i = \boldsymbol{p}_1 + \boldsymbol{p}_2 + \cdots + \boldsymbol{p}_N = \mathrm{const.} \tag{4.19}$$

なお，運動量はベクトル量であるために，物体の内部に蓄えられることはないと考えてよい．したがって，物体に外力がはたらいていない状況であれば，そのときの運動量の和は常に一定となる．一方，スカラー量であるエネルギーは，物体を構成する原子の振動のような形で，物体内部に蓄えることが可能である．したがって，物体の力学的エネルギーだけに注目しては，エネルギーの和が常に一定とならない場合が起こり得る．

例題 4.2 静止していた物体が突然爆発し，N 個の破片に分かれて飛び散った．各破片がもつ運動量の間にはどのような関係があるか？

解答 (4.19) 式より，

$$\sum_{i=1}^{N} \boldsymbol{p}_i = 0$$

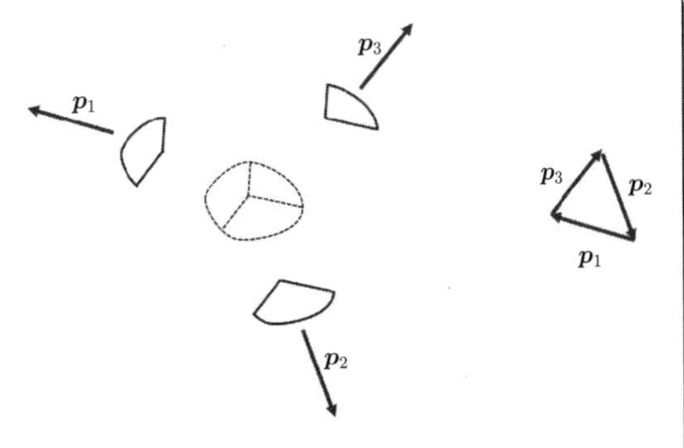

図 4.3 物体の爆発と運動量（$N = 3$ の場合）

4.3 発展 ロケットの運動

運動方程式 $\boldsymbol{F} = m\boldsymbol{a}$ は，物体の質量 m が変化しない場合を想定した式である．物体の質量が変化するとは，1 つの物体が複数の部分に分かれること（または別々の物体が凝集して 1 つになること）を意味する．例として，前節の例題で示した物体の爆発を考えよう．図 4.3 のように，物体は爆発によって，3 つの部分に分かれるとする．ここで，爆発が起きる前から物体を 3 つに分けて考えることにすれば，爆発の前後でそれぞれの質量 $m_1 \sim m_3$ は変化しない．したがって，質量一定の場合の（通常の）運動方程式を用いることができる．ただし，各部分の加速度 $\boldsymbol{a}_1 \sim \boldsymbol{a}_3$ と，各部分にはたらく力 $\boldsymbol{F}_1 \sim \boldsymbol{F}_3$ は，爆発によって変化するため，時間に依存することになる．また，$\boldsymbol{F}_1 \sim \boldsymbol{F}_3$ には，爆発時に他の部分から受ける内力と，重力のような外力の両方が含まれているとする．以上から，各部分の運動方程式は，

$$\begin{cases} \boldsymbol{F}_1 = m_1 \boldsymbol{a}_1 & (4.20) \\ \boldsymbol{F}_2 = m_2 \boldsymbol{a}_2 & (4.21) \\ \boldsymbol{F}_3 = m_3 \boldsymbol{a}_3 & (4.22) \end{cases}$$

のように書ける．3 つの方程式について和をとると，左辺は作用・反作用の法則から内力が打ち消し合って，

$$\sum_{i=1}^{3} \boldsymbol{F}_i = \boldsymbol{F}_{\text{外力}} \tag{4.23}$$

となり，正味の外力だけが残る．一方，右辺の和は，

$$\sum_{i=1}^{3} m_i \boldsymbol{a}_i = \sum_{i=1}^{3} \frac{d}{dt}(m_i \boldsymbol{v}_i) = \sum_{i=1}^{3} \frac{d\boldsymbol{p}_i}{dt} = \frac{d}{dt}\sum_{i=1}^{3} \boldsymbol{p}_i = \frac{d\boldsymbol{p}_{\text{total}}}{dt} \tag{4.24}$$

となり，系全体の運動量 $\boldsymbol{p}_{\text{total}}$ に注目すれば，内力が消去された 1 つの運動方程式

$$\boldsymbol{F}_{\text{外力}} = \frac{d\boldsymbol{p}_{\text{total}}}{dt} \tag{4.25}$$

として表すことができる．

次に，地表を離れたばかりのロケットの運動を考えよう．簡単のため，ロケットは鉛直方向に運動しているとする．ロケットの質量 m は時間 t の関数であり，微小時間 dt が経過したときに $m+dm$ に変化する．dm は負の量である．このとき，ロケットの速度は v から $v+dv$ に変化する．一方，ロケットからの噴出物の質量は $-dm$ であり，噴出物が速度 v のロケットから後方に $-v'$ で噴射されているなら，(宇宙空間から見た) 噴出物の速度は，$v-v'$ となる．このときの系全体の運動量変化は，

$$dp_{\mathrm{total}} = (m+dm)(v+dv) - dm(v-v') - mv \sim m\,dv + v'\,dm \tag{4.26}$$

となる．ここで 2 次の微小量 $dmdv$ を落とした．両辺を dt で割ると，

$$F = \frac{dp_{\mathrm{total}}}{dt} = m\frac{dv}{dt} + v'\frac{dm}{dt} \tag{4.27}$$

となる．(4.25) 式で示したように，系全体の運動量の微分が力 (外力) と等しいことを用いた．ここで，通常の運動方程式では現れない項が右辺に追加されている．いま，外力 F は重力 $-mg$ だけが作用するとし，さらに，v' が一定であるとすれば，

$$\begin{aligned}\frac{dv}{dt} &= -g - v'\frac{1}{m}\frac{dm}{dt}\\ \therefore dv &= -gdt - v'\frac{dm}{m}\\ \therefore \int_0^v dv &= -g\int_0^t dt - v'\int_{m_0}^m \frac{dm}{m}\\ \therefore v &= -gt - v'\log\frac{m}{m_0}\end{aligned} \tag{4.28}$$

となる．$t=0$ でのロケットの質量を m_0 とした．ロケットが毎秒一定量の噴出物を放出するとして，

$$m = m_0 - \alpha t \tag{4.29}$$

のように書けるとき，

$$v = -gt - v'\log\left(1 - \frac{\alpha t}{m_0}\right) \tag{4.30}$$

図 4.4　ロケットの運動

となる．このときの地表からの高さは上式を積分して，

$$x = -\frac{1}{2}gt^2 + \frac{m_0 v'}{\alpha}\left[\left(1 - \frac{\alpha t}{m_0}\right)\log\left(1 - \frac{\alpha t}{m_0}\right) + \frac{\alpha t}{m_0}\right] \tag{4.31}$$

と求まる．

例題 4.3　ロケットが発射されたときの加速度が正となるための条件を導出せよ．

解答　(4.29) 式と (4.29) 式の微分を (4.28) 式の一番上の式に代入して，

$$a(t) = \frac{dv}{dt} = -g + \alpha v' \frac{1}{m_0 - \alpha t}$$

$$\therefore a(0) = -g + \frac{\alpha v'}{m_0} > 0$$

$$\therefore v' > \frac{m_0 g}{\alpha}$$

4.4　1次元の衝突

運動量保存則とエネルギー保存則の両方を用いる例として，図 4.1 に示したような，2つの物体の1次元的な衝突を考えよう．物体1の質量を m_1，衝突前の速度を v_1，衝突後の速度を v_1'，物体2の質量を m_2，衝突前の速度を v_2，衝突後の速度を v_2' とする．外力が無視できるとき，運動量保存則

$$m_1 v_1 + m_2 v_2 = m_1 v_1' + m_2 v_2' \tag{4.32}$$

が成り立つ．この式を変形して

$$m_1 (v_1 - v_1') = m_2 (v_2' - v_2) \tag{4.33}$$

とする．$v_1 = v_1'$，$v_2 = v_2'$ は方程式を満たすが，単に衝突前の状態を示しているに過ぎない．一方，衝突において物体の内部にエネルギーが蓄えられることがないとすれば，エネルギー保存則

$$\frac{1}{2}m_1 v_1^2 + \frac{1}{2}m_2 v_2^2 = \frac{1}{2}m_1 v_1'^2 + \frac{1}{2}m_2 v_2'^2 \tag{4.34}$$

が成り立つ．この式を変形し，

$$m_1 (v_1 + v_1')(v_1 - v_1') = m_2 (v_2' + v_2)(v_2' - v_2) \tag{4.35}$$

とする．衝突後の解を求めるために，(4.35) 式を (4.33) 式で割ると，

$$v_1 + v_1' = v_2 + v_2' \tag{4.36}$$

が得られる．結局，(4.33) 式と (4.36) 式から，

$$\begin{cases} v_1' = \dfrac{m_1 - m_2}{m_1 + m_2} v_1 + \dfrac{2m_2}{m_1 + m_2} v_2 & (4.37) \\[2ex] v_2' = \dfrac{2m_1}{m_1 + m_2} v_1 + \dfrac{m_2 - m_1}{m_1 + m_2} v_2 & (4.38) \end{cases}$$

のように求まる．$m_1 = m_2$ であるとき，$v_1' = v_2$，$v_2' = v_1$ となる．つまり，物体間の速度が入れ替わることになる．

例題 4.4　同じ直線上を逆向きに運動する 2 つの物体が正面衝突し，その後両者は一体となって運動した．一方の物体の質量は $3m$，速度は v，もう一方の物体の質量は m，速度は $-2v$ であった．合体後の物体の速度，および，衝突による運動エネルギーの損失を求めよ．

解答　合体後の速度 V は，運動量保存則から，

$$3mv - 2mv = 4mV$$

から，

$$V = \frac{1}{4}v$$

と求まる．運動エネルギーの損失は，衝突前の運動エネルギーから衝突後の運動エネルギーを引いて，

$$\frac{1}{2}(3m)v^2 + \frac{1}{2}m(-2v)^2 - \frac{1}{2}(4m)\left(\frac{1}{4}v\right)^2 = \frac{27}{8}mv^2$$

となる．なお，失われた運動エネルギーは熱エネルギーへと変化しており，エネルギー保存則は依然として成立している．

4.5 発展 2 次元の衝突

本節では，発展的な内容となる 2 次元の衝突を扱う．図 4.5 のように，質量 m_1 の球 1 は速さ v で x 軸上を＋方向に運動し，原点に静止した質量 m_2 の球 2 と衝突する．その後，球 1 は速さ v_1 で角度 θ_1 の方向に進み，球 2 は速さ v_2 で θ_2 の方向に進む．m_1，m_2，v は初期条件として与えられているとし，残りの v_1，v_2，θ_1，θ_2 が計算によって求める量とする．

まず，x，y 方向のそれぞれについて運動量保存則が成り立つので，

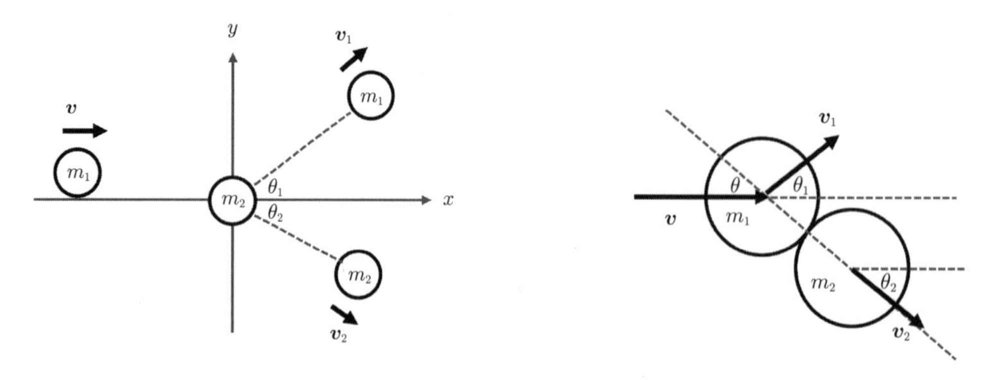

図 4.5　なめらかな 2 つの球の衝突

$$\begin{cases} m_1 v = m_1 v_1 \cos\theta_1 + m_2 v_2 \cos\theta_2 & (4.39) \\ m_1 v_1 \sin\theta_1 - m_2 v_2 \sin\theta_2 = 0 & (4.40) \end{cases}$$

と書ける．さらに，2 球の衝突が弾性的であるとすれば，エネルギー保存則

$$\frac{1}{2}m_1 v^2 = \frac{1}{2}m_1 v_1^2 + \frac{1}{2}m_2 v_2^2 \tag{4.41}$$

が成り立つ．保存則に関係する式は以上の 3 つで終わりである．一般論として，n 個の変数を求めるためには，n 個の方程式が必要である．つまり，4 つの変数を求めるにはもう 1 つの式が必要であるが，まずはこの 3 つの式から θ_1 と θ_2 の関係式を求めてみよう．

(4.39) 式と (4.40) 式から，

$$\begin{cases} v_2 = v_1 \dfrac{m_1 \sin\theta_1}{m_2 \sin\theta_2} & (4.42) \\ v = v_1 \left(\cos\theta_1 + \dfrac{\sin\theta_1 \cos\theta_2}{\sin\theta_2} \right) & (4.43) \end{cases}$$

となり，これらを (4.41) 式に代入して整理すれば，

$$\tan\theta_1 = \frac{m_2 \sin 2\theta_2}{m_1 - m_2 \cos 2\theta_2} \tag{4.44}$$

となって θ_1 と θ_2 の関係式が求まる．同様にして，v_1 と v_2 も θ_2 を用いて表すことができる．

4 つ目の式は，衝突時の 2 つの球の当たり方に関係する．2 つの球はなめらかで摩擦がはたらかないので，2 つの球の中心を結ぶ直線方向にしか互いに力を及ぼさない．したがって，それに垂直な方向の各球の速度は衝突前後で変化しない．図 4.5 に示すように，球 2 は，はじめ静止しているので，衝突で接したときの球の中心を結ぶ線の延長方向に進んで行く．この直線と x 軸に平行な直線との間でなす角を θ とすると，

$$\theta = \theta_2 \tag{4.45}$$

が成り立つ*．以上から，θ を初期条件と見なして

$$\begin{cases} v_1 = v \dfrac{\sqrt{m_1^2 + m_2^2 - 2m_1 m_2 \cos 2\theta}}{m_1 + m_2} & (4.46) \\ v_2 = v \dfrac{2m_1 \cos\theta}{m_1 + m_2} & (4.47) \\ \theta_1 = \tan^{-1} \dfrac{m_2 \sin 2\theta}{m_1 - m_2 \cos 2\theta} \quad \left(\tan\theta_1 = \dfrac{m_2 \sin 2\theta}{m_1 - m_2 \cos 2\theta} \right) & (4.48) \\ \theta_2 = \theta & (4.49) \end{cases}$$

と求まる．ここで，タンジェントの逆関数を用いた．

* 球 1 については，$v \sin\theta = v_1 \sin(\theta_1 + \theta_2)$ の関係が成り立つ．この関係式は (4.46)，(4.48)，(4.49) 式と矛盾しない．

例題 4.5　球 1 と 2 の質量がともに m であるとき，$\theta_1 + \theta_2$ を求めよ．

解答　(4.44) 式において $m_1 = m_2$ として，

$$\tan\theta_1 = \frac{\sin 2\theta_2}{1 - \cos 2\theta_2} = \frac{2\sin\theta_2\cos\theta_2}{2\sin^2\theta_2} = \frac{1}{\tan\theta_2} \tag{4.50}$$

$$\therefore \theta_1 + \theta_2 = 90^\circ$$

の関係が得られる．

(4.46)〜(4.48) 式について，特定の質量比を仮定して計算した結果を図 4.6 に示す．$\theta = 0^\circ$ は正面衝突にあたり，θ の増加で 2 球の衝突が次第にずれていく．$\theta = 90^\circ$ は球 1 が球 2 のちょうど横を通り過ぎる場合となる．このとき，球の間で互いに力を与えることができなくなり，2 つの球の運動状態は変化しなくなる．

2 球の質量が等しい $m_1/m_2 = 1$ のとき，$\theta = 0^\circ$ で $v_1 = 0$，$v_2 = v$ となり，球 1 の速度が全て球 2 に移される．このことは前節の 1 次元の衝突で既に述べた．そして，θ の増加とともに，球 1 から球 2 に移される速さ（運動エネルギー）が減少していく．

球 1 の速さ v_1 は，質量比が 1 からずれると，より大きな値を持つようになる．この傾向は θ が小さい領域で強くなる．α をある正の値としたとき，$m_1/m_2 = \alpha$ の場合と $m_1/m_2 = 1/\alpha$ の場合で，v_1 が等しくなることが注目される．このことは，(4.46) 式が m_1 と m_2 に対して対称的である（m_1 と m_2 を入れ替えても式が変わらない）ことに由来する．一方，球 2 の速さ v_2 は，$m_1/m_2 < 1$ で小さくなり，$m_1/m_2 > 1$ で大きくなる．

球 1 の散乱角（衝突前後における速度ベクトルの向きの変化量）θ_1 は，$m_1/m_2 = 1$ のとき，(4.45) 式と (4.50) 式より，$\theta_1 = 90^\circ - \theta$ である．$m_1/m_2 < 1$ のとき，つまり，球 2 の影響が大きいとき，球 1 は大きく方向を変化させるようになる．θ_1 は θ が小さいときに鈍角となり，その後 0° に向けて単調に減少する．$m_1/m_2 > 1$ のとき，つまり，球 2 の影響が小さいとき，球 1 はそのままの運動を続けようとする傾向が強くなり，θ_1 は常に鋭角となる．

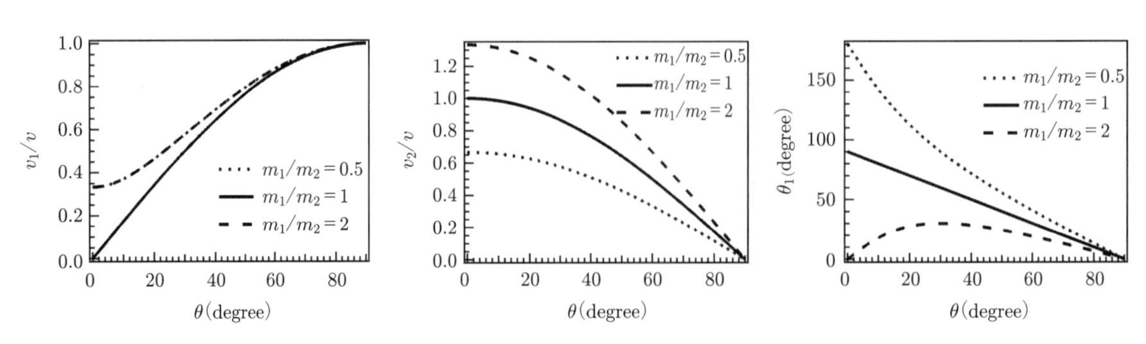

図 4.6　特定の質量比における (4.46)〜(4.48) 式の計算結果

章末問題　4

問 4.1　ある質点の一次元的な運動を考える．質点に，時刻 t_1 から $t_1 + \Delta t$ の間，力 $F_1 = \alpha$ を加えた．続いて，同じ質点に，t_2 から $t_2 + \Delta t$ の間，力 $F_2 = \beta(t - t_2)$ を加えた．それぞれの力が作用したときの運動量の変化量が同じとなったとき，満たすべき関係式を導出せよ．ただし，α と β は定数である．

問 4.2　ピッチャーが投げた質量 m のボールをバッターがまっすぐに打ち返した．ボールの進む向きはちょうど逆向きとなったが，ボールの速さ v に変化はなかった．このとき，バッターがボールに与えた力積 J およびバッターがボールに行った仕事 W を求めよ．また，ボールがどのようにバットで打ち返されたかを考察せよ．

問 4.3　**発 展**　雨滴が空から空気中の水分をとりこみながら（質量を増加させながら）落ちている．このときの運動が (4.25) 式に従うことを示せ．

5 周期運動

私たちの身のまわりには，一定時間が経過するたびに同じ状態を繰り返す運動がある（振り子や天体の運動など）．このような運動を**周期運動** (periodic motion) といい，同じ状態に戻るまでにかかる時間を**周期** (period) という．この章では周期運動の代表である振動について学ぶ．

5.1 単振動

ばねは伸ばすと縮もうとし，縮めると伸びようとする性質がある．このように物体を変形すると元の状態に戻そうとする力を**復元力**といい，このような性質を**弾性** (elasticity) という．物体の変形の大きさが小さい場合には，復元力は変形の大きさに比例する．これを**フックの法則** (Hooke's law) という．ばねの場合には，これは次のように与えられる．

フックの法則

$$F(x) = -kx \tag{5.1}$$

ここで x は自然長からの伸びまたは縮み，すなわち**変位**であり，$F(x)$ は弾性力，k はばね定数 (spring constant) と呼ばれる比例定数である（図 5.1）．(5.1) 式の右辺のマイナス符号に注目しよう．これはばねが伸びると縮む方向に力がはたらき，縮むと伸びる方向に力がはたらくことを示している．

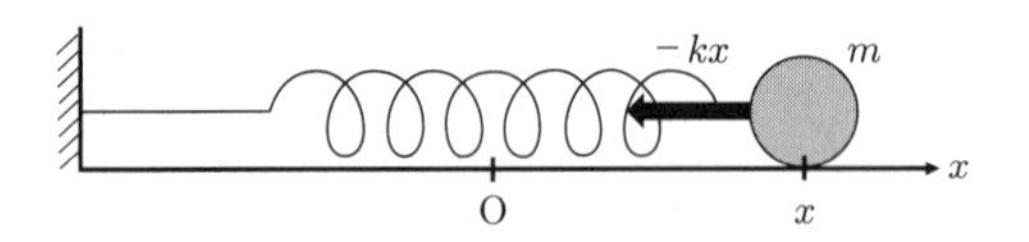

図 5.1　フックの法則

物体をつりあいの位置からわずかにずらすと，ずれの大きさに比例する復元力がはたらき物体は振動する．このフックの法則にしたがう復元力による振動を**単振動**または**調和振動** (harmonic oscillation) という．このとき，ばねにつながれた質量 m の質点の運動方程式は次のように与えられる．

単振動の運動方程式

$$ma = -kx \qquad \longrightarrow \qquad \frac{d^2x}{dt^2} = -\frac{k}{m}x \tag{5.2}$$

ここで**特解の方法**と呼ばれる方法を用いて，(5.2) 式を解いてみよう．ある変数で2回微分して元の形に比例し，かつマイナス符号がつくものは**正弦関数（sin 関数）**および**余弦関数（cos 関数）**である．そこで今 α を正の定数として，解の形を $x(t) = \sin\alpha t$ と仮定する．この式の両辺を t で微分すると，$v = \dfrac{dx}{dt} = \alpha\cos\alpha t$，$a = \dfrac{d^2x}{dt^2} = -\alpha^2\sin\alpha t$ となる．これを (5.2) 式に代入すると

$$-m\alpha^2\sin\alpha t = -k\sin(\alpha t) \qquad \longrightarrow \qquad \alpha = \sqrt{\frac{k}{m}} \tag{5.3}$$

となる．これより，$x(t) = \sin\left(\sqrt{\dfrac{k}{m}}t\right)$ は (5.2) 式の解となる．このような解を**特解**という．同様に，$x(t) = \cos\left(\sqrt{\dfrac{k}{m}}t\right)$ も (5.2) 式の解となることが分かる．

特解と一般解

(5.2) 式のような2階微分方程式において，2つの特解 $f(x)$ および $g(x)$ が与えられたとき

$$Af(x) + Bg(x) \qquad (A\ \text{と}\ B\ \text{は任意の定数})$$

は元の方程式の解である．これを**一般解**という．一般解は方程式のすべての解を含む．

(5.2) 式の一般解は次のように表される．

単振動の運動方程式の一般解

$$x(t) = A\sin\left(\sqrt{\frac{k}{m}}t\right) + B\cos\left(\sqrt{\frac{k}{m}}t\right) \tag{5.4}$$

定数 A および B は，**初期条件**を用いて決定される．また (5.4) 式は，三角関数の合成則を用いて，次のように書き表すことができる．

単振動の運動方程式の一般解（三角関数の合成則）

$$x(t) = C\sin\left(\sqrt{\frac{k}{m}}t + \theta_0\right) = C\cos\left(\sqrt{\frac{k}{m}}t + \theta_0 - \frac{\pi}{2}\right) \tag{5.5}$$

ここで定数 C と θ_0 は，$C = \sqrt{A^2 + B^2}$，$\tan\theta_0 = \dfrac{B}{A}$ で与えられる（章末問題）．

例題 5.1　時刻 $t = 0$ において，質量 m の質点を，自然長から x_0 伸ばした状態から静かに手を離した．その後の時刻 t における質点の位置 $x(t)$ を求めよ．

解答　初期条件は「$t = 0$ のとき，$x = x_0$ かつ $v = 0$」で与えられる．ここで

$$v(t) = \frac{dx}{dt} = \sqrt{\frac{k}{m}}A\cos\left(\sqrt{\frac{k}{m}}t\right) - \sqrt{\frac{k}{m}}B\sin\left(\sqrt{\frac{k}{m}}t\right)$$

となることから，(5.4) 式および上の式に初期条件を代入して

$$x_0 = B, \quad 0 = \sqrt{\frac{k}{m}}A \qquad \longrightarrow \qquad A = 0, \quad B = x_0$$

が得られる．これより，求める解は次のように表される．

$$x(t) = x_0\cos\left(\sqrt{\frac{k}{m}}t\right)$$

図 5.2 は，質点を $x = x_0$ の位置から静かに離した後の振動の様子を，横軸に時間，縦軸に質点の位置をとってグラフにしたもの（x-t 図）である．このとき質点は，$x = x_0$ と $x = -x_0$ の間を往復運動する．x_0 を単振動の**振幅** (amplitude) という．

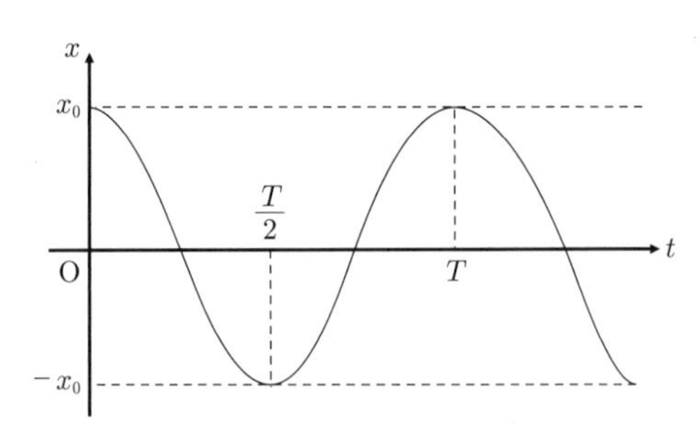

図 5.2　単振動のグラフ

図 5.2 の中の T は振動の周期を表している．周期は，三角関数の位相が 2π になるときの時刻，つまり $\sqrt{\dfrac{k}{m}}T = 2\pi$ を満たすものとして定義され，次のようになる．

単振動の周期

$$T = 2\pi\sqrt{\frac{m}{k}} \tag{5.6}$$

ここで

$$\omega = \sqrt{\frac{k}{m}}$$

とおくと，(5.6) 式は $T = \dfrac{2\pi}{\omega}$ となる．これは 1 章の等速円運動のところで登場した式であり，ω は角速度を表している．

(5.6) 式から，周期は $\sqrt{m}$ に比例し，$\sqrt{k}$ に反比例する．これより，ばねが強く（k が大きい）物体が軽い（m が小さい）ほど周期は短く，ばねが弱く（k が小さい）物体が重い（m が大きい）ほど周期は長いことが分かる．

(5.6) 式には振幅は含まれない．つまり物体がどの位置から出発しても，周期は物体の質量とばね定数だけで決まっている．このように周期が振幅によって変わらないことは単振動の特徴であり，**等時性**と呼ばれる．

• 単振動におけるポテンシャルエネルギーと力学的エネルギー

自然長からの変位が x のばねに蓄えられたポテンシャルエネルギーは，3 章の (3.12) 式に (5.1) 式を代入して

$$U(x) = -\int_0^x F(x)\,dx = -\int_0^x (-kx)\,dx = \frac{1}{2}kx^2 \tag{5.7}$$

と書ける*．これより，単振動の力学的エネルギーは次のように表される．

* 自然長の位置をポテンシャルエネルギーの基準点に選んでいる．

単振動の力学的エネルギー

$$E = \frac{1}{2}m\left(\frac{dx}{dt}\right)^2 + \frac{1}{2}kx^2 \tag{5.8}$$

例題 5.2　単振動の力学的エネルギーが保存することを示せ．

解答　以下のように，単振動の力学的エネルギーが時間に依存しないことが示される．

$$
\begin{aligned}
\frac{dE}{dt} &= \frac{d}{dt}\left(\frac{1}{2}mv^2 + \frac{1}{2}kx^2\right) = \frac{d}{dt}\left(\frac{1}{2}mv^2\right) + \frac{d}{dt}\left(\frac{1}{2}kx^2\right) \\
&= \frac{1}{2}m \times 2v\frac{dv}{dt} + \frac{1}{2}k \times 2x\frac{dx}{dt} \\
&= mva + kxv = v(ma + kx) \\
&= 0
\end{aligned}
$$

ここで最後の等式で，(5.2) 式を用いた．これより，単振動の力学的エネルギーは時間によらず常に一定となり，保存することが示された．

5.2　単振り子

長さ l の軽い糸の一端を天井の一点に固定し，糸の他端に質量 m の小球を取りつける．糸をピンと張ったまま小球をある高さから離すと，小球は円弧を描く往復運動を行う．これを**単振り子** (simple pendulum) という．図 5.3 のように，小球が最下点にある位置を原点とし，円弧に沿った曲線上に s 軸をとる．ここで最下点より右側を s の正の領域，左側を s の負の領域とする．時刻 t における質点の位置 $s(t)$ と，糸が鉛直線となす角 $\theta(t)$ の関係は

$$
s(t) = l\theta(t) \tag{5.9}
$$

と表される．(5.9) 式を時間について微分すると，$v = \dfrac{ds}{dt} = l\dfrac{d\theta}{dt}$ および $a = \dfrac{d^2s}{dt^2} = l\dfrac{d^2\theta}{dt^2}$ となる．質点にはたらく力のうち，円弧に沿った成分は重力の糸に垂直な成分で，向きも考慮すると $-mg\sin\theta$ と書ける*．これより，単振り子の運動方程式は次のように表される．

* 重力の糸に平行な成分と糸の張力の合力は，円運動の向心力となる．

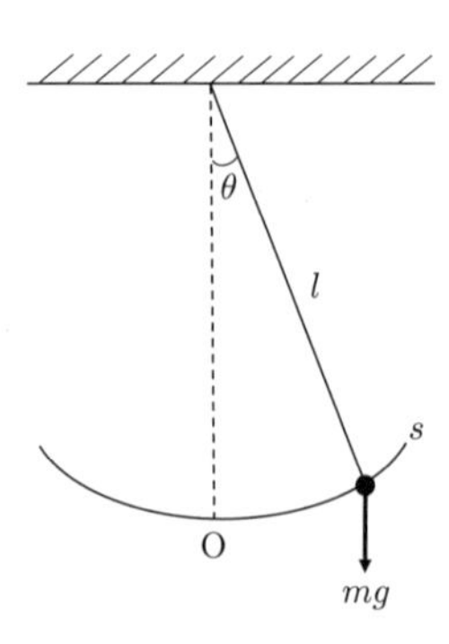

図 5.3　単振り子

単振り子の運動方程式

$$ml\frac{d^2\theta}{dt^2} = -mg\sin\theta \qquad \longrightarrow \qquad l\frac{d^2\theta}{dt^2} = -g\sin\theta \tag{5.10}$$

ここで $\theta \ll 1$ **（微小振動）**のときに成り立つ近似式 $\sin\theta \sim \theta$ を用いて，(5.10) 式は

$$l\frac{d^2\theta}{dt^2} = -g\theta \tag{5.11}$$

と表される．(5.2) 式と (5.11) 式を比較すると，次のような対応関係があることが分かる．

$$m \longleftrightarrow l \qquad x \longleftrightarrow \theta \qquad k \longleftrightarrow g$$

これより，微小振動における単振り子の一般解と周期は，次のように示される．

単振り子の微小振動における一般解と周期

$$\theta(t) = A\sin\left(\sqrt{\frac{g}{l}}t\right) + B\cos\left(\sqrt{\frac{g}{l}}t\right) \tag{5.12}$$

$$T = 2\pi\sqrt{\frac{l}{g}} \tag{5.13}$$

(5.13) 式より，単振り子の周期は糸の長さだけで決まり，小球の出発する位置にはよらない[*1]．これはイタリアの物理学者ガリレオ・ガリレイによって発見され，**ガリレオの振り子の等時性**と呼ばれる[*2]．

- **単振り子におけるポテンシャルエネルギーと力学的エネルギー**

小球が角度 θ の位置にあるときのポテンシャルエネルギーは

$$U(\theta) = -\int_0^s (-mg\sin\theta)\,ds = mgl\int_0^\theta \sin\theta\,d\theta = mgl(1-\cos\theta) \tag{5.14}$$

と書ける[*3]．これより，単振り子の力学的エネルギーは次のように表される．

単振り子の力学的エネルギー

$$E = \frac{1}{2}ml^2\left(\frac{d\theta}{dt}\right)^2 + mgl(1-\cos\theta) \tag{5.15}$$

*1 小球の質量にもよらない．

*2 ただしこれはあくまで，微小振動 ($\theta \ll 1$) の場合に成り立つ近似的なものであることに注意しよう．等時性が厳密に成り立つ振り子は**サイクロイド振り子**と呼ばれる．

*3 振り子の最下点をポテンシャルエネルギーの基準点に選んでいる．

例題 5.3　ある時刻に，単振り子が最下点を速度 v_0 で通過した．最高点での振れ角 θ_0 を求めよ．

解答　最高点では小球は静止することに注意する．(5.15) 式を最下点と最高点に用いると

$$\frac{1}{2}mv_0^2 = mgl(1-\cos\theta_0) \quad \longrightarrow \quad \theta_0 = \cos^{-1}\left(1-\frac{v_0^2}{2gl}\right)$$

となる．

5.3 発展 減衰振動と強制振動

ここまで，周期運動の例として単振動と単振り子について見てきた．現実世界では，物体には摩擦力や空気抵抗などの非保存力が作用する．このため力学的エネルギーは減少し，振動の振幅は時間とともに減衰する．また外部から一定の周期の力（周期的外力）が加わる場合には，外力の振動数と物体の持つ固有の振動数の関係が重要になる．ここではそのような運動の例として，**減衰振動** (damped oscillation) および**強制振動** (forced oscillation) を紹介する．

• 減衰振動

図 5.4 のように，ばねにつながれた物体に，速度の大きさに比例する抵抗（**粘性抵抗**）がはたらく場合を考える．このとき，物体の運動方程式は次のように与えられる．

減衰振動の運動方程式

$$ma = -kx - \gamma v \quad \longrightarrow \quad \frac{d^2x}{dt^2} + \frac{\gamma}{m}\frac{dx}{dt} + \frac{k}{m}x = 0 \tag{5.16}$$

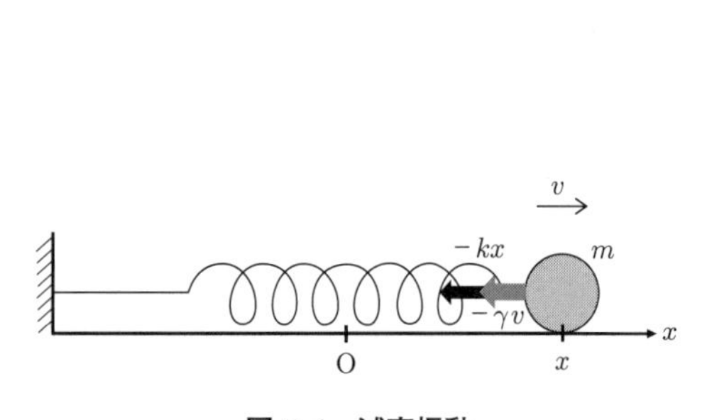

図 5.4　減衰振動

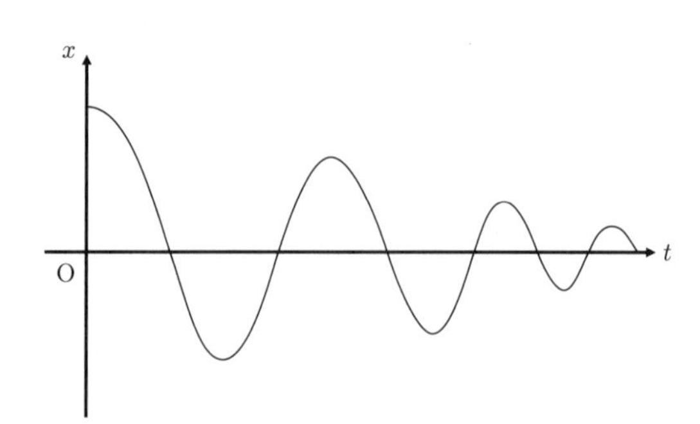

図 5.5　減衰振動のグラフ

γ は抵抗の大きさを表す正の比例定数である．(5.16) 式の解の例として

$$x(t) = e^{-\kappa t}\cos(\sqrt{\omega^2 - \kappa^2}\,t) \tag{5.17}$$

がある．ただしここで，$\kappa = \dfrac{\gamma}{2m}$ である．抵抗は非保存力であり，常に速度と逆向きに作用する．このため物体の振動の振幅を示す項 $e^{-\kappa t}$ は，時間とともに減衰する．また振動の角振動数 $\sqrt{\omega^2 - \kappa^2}$ は，抵抗のない場合の角振動数よりも小さくなるため，この振動における周期は，抵抗のない場合に比べて長くなる．この運動の様子の例を示したものが，図 5.5 である．このような物体の運動を**減衰振動**という．

減衰振動やそれを利用した例としては，路面の凹凸によって発生する自動車の振動を減衰させるための装置や，建物のドアを空気ばねで閉めるドアクローザなどがある．

• 強制振動

図 5.6 のように，ばねにつながれた物体に，速度の大きさに比例する抵抗に加えて，周期的な外力がはたらく場合を考える．このとき，物体の運動方程式は次のように与えられる．

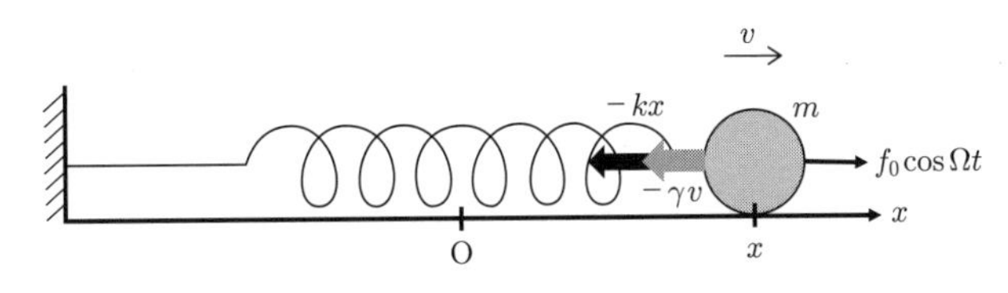

図 5.6 強制振動

強制振動の運動方程式

$$ma = -kx - \gamma v + f_0\cos\Omega t \quad\longrightarrow\quad \frac{d^2x}{dt^2} + \frac{\gamma}{m}\frac{dx}{dt} + \frac{k}{m}x = \frac{f_0}{m}\cos\Omega t \tag{5.18}$$

f_0 は外力の大きさを表す正の比例定数である．また外力の角振動数は，物体に固有の角振動数 ω とは一般に異なるため，正の定数 Ω を用いて表している．外力の振動数が物体の固有振動数に一致するとき，振動の振幅が著しく大きくなる．これを**共振**あるいは**共鳴** (resonance) という．共振は日常生活でもよく見られる現象である（ブランコ，建物や橋などの建造物の設計など）．

発展　厳密な等時性を持つ振り子—サイクロイド振り子—

図5.7のように，直線 $y = 2a$（aは正の定数）の下側に沿って半径 a の円C が転がるとき，C上の点 $P(x, y)$ が描く軌跡（**サイクロイド曲線**）を考える．

$$x = a(\theta + \sin\theta) \qquad y = a(1 - \cos\theta) \tag{5.19}$$

ここで角度 θ は，点Pに到達するまでに円が回転した角度を表す．原点Oからサイクロイド曲線に沿った点Pまでの長さ s は，次のようになる．

$$\begin{aligned} s &= \int_{\mathrm{O}}^{\mathrm{P}} \sqrt{(dx)^2 + (dy)^2} = \int_0^\theta \sqrt{\left(\frac{dx}{d\theta}\right)^2 + \left(\frac{dy}{d\theta}\right)^2}\, d\theta \\ &= \int_0^\theta a\sqrt{(1+\cos\theta)^2 + \sin^2\theta}\, d\theta = a\int_0^\theta \sqrt{2(1+\cos\theta)}\, d\theta \\ &= 2a\int_0^\theta \cos\left(\frac{\theta}{2}\right) d\theta = 2a\left[2\sin\left(\frac{\theta}{2}\right)\right]_0^\theta = 4a\sin\left(\frac{\theta}{2}\right) \end{aligned} \tag{5.20}$$

今このサイクロイド曲線上を，質量 m の質点が重力を受けながら運動するとする．このとき，時刻 t で質点が点Pにあるときの運動方程式は*

$$m\ddot{s} = -mg\sin\left(\frac{\theta}{2}\right) = -m\frac{g}{4a}s \tag{5.21}$$

ここで2つめの等式において，(5.20) 式を用いた．両辺の m を消去して

$$\ddot{s} = -\frac{g}{4a}s \tag{5.22}$$

これは近似を用いず，任意の位置で成り立つ単振動の式である．これより周期は

$$T = 2\pi\sqrt{\frac{4a}{g}} = 4\pi\sqrt{\frac{a}{g}} \tag{5.23}$$

となる．このように厳密な等時性を持つ振り子を，**サイクロイド振り子**という．

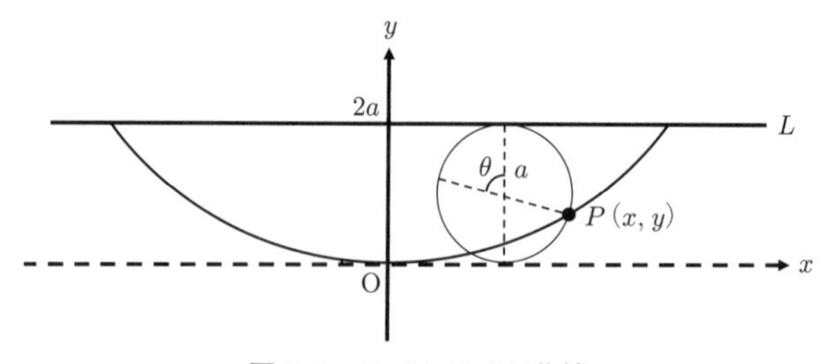

図5.7　サイクロイド曲線

* 質点にはたらく力は，重力のサイクロイド曲線の接線成分であることに注意．接線の傾きは $\dfrac{dy}{dx} = \dfrac{dy}{d\theta}\Big/\dfrac{dx}{d\theta} = \tan\left(\dfrac{\theta}{2}\right)$ で与えられる．

章末問題　5

問 5.1　(5.5) 式において，$C = \sqrt{A^2 + B^2}$，$\tan\theta_0 = \dfrac{B}{A}$ となることを確認せよ．

問 5.2　長さ $l = 49\,\mathrm{cm}$ のひもを使って単振り子を作った．この単振り子の周期と同じ周期になる単振動を起こすばねのばね定数 k を求めよ．ただし，ばねの先につけるおもりの質量 m は $0.10\,\mathrm{kg}$ とする．重力加速度の大きさは $g = 9.8\,\mathrm{m/s^2}$ とせよ．

6 角運動量

運動量と力の間には常に運動方程式が成立するが，回転運動においては，角運動量と力のモーメント（トルク）を考えることができて，両者の間に回転の運動方程式が成立する．角運動量の導入は新たな保存則をもたらす．惑星の公転運動においては，ケプラーの 3 法則が導かれる．

6.1 角運動量と力のモーメント

質量 m の質点が xy 面内を運動している場合を考える．このときの質点の位置を $\boldsymbol{r}$，運動量を $\boldsymbol{p}$ とする．そして，$\boldsymbol{p}$ の $\boldsymbol{r}$ に平行な成分を $\boldsymbol{p}_{\parallel}$，$\boldsymbol{p}$ の $\boldsymbol{r}$ に垂直な成分を $\boldsymbol{p}_{\perp}$ とする．等速円運動は，$p_{\parallel} = 0$ かつ $p_{\perp} = \text{const.}$ が成り立つ場合であるから，$\boldsymbol{p}_{\perp}$ は回転方向の運動量と見ることができる．ただし，$\boldsymbol{p}_{\perp}$ 単独では中心からどれだけ離れた場所を回転運動しているかの情報が入っていない．回転運動を指定するには，$\boldsymbol{r}$ と $\boldsymbol{p}_{\perp}$ の両方を含んだ量が必要になると考えられる．

一方，$\boldsymbol{p}$ を回転方向の運動量と見ることも可能である．このとき，$\boldsymbol{r}$ の $\boldsymbol{p}$ に垂直な成分 $\boldsymbol{r}_{\perp}$ が回転運動の半径となる．したがって，回転運動は，$\boldsymbol{r}_{\perp}$ と $\boldsymbol{p}$ の組み合わせでも表すことができると考えられる．

$\boldsymbol{r}$ と $\boldsymbol{p}$ のどちらを元にしても，互いにそれに垂直な成分を考えることは同じである．したがって，両者のベクトルの外積として一つの形で表すことができる．結局，

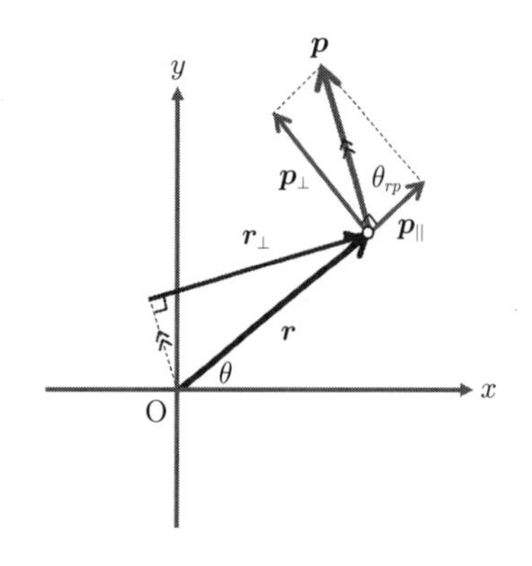

(a) 2 次元面内を運動する質点

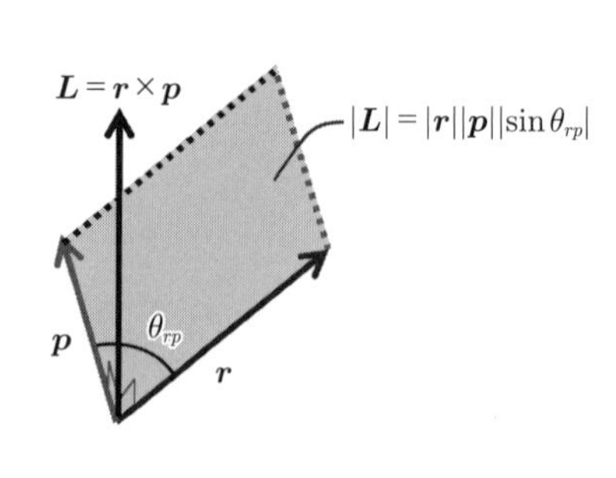

(b) 角運動量 $\boldsymbol{L}$ の向きと大きさ

図 6.1

回転運動を表す物理量となる**角運動量** (angular momentum) が以下のように定義される．

角運動量

$$\begin{cases} \boldsymbol{L} = \boldsymbol{r} \times \boldsymbol{p} & (6.1) \\ L = rp_{\perp} = r_{\perp}p = rp|\sin\theta_{rp}| & (6.2) \end{cases}$$

ここで，$\boldsymbol{r}$ から $\boldsymbol{p}$ に向けて反時計回りにとった角度を θ_{rp} とした．$\boldsymbol{L}$ の向きは回転軸（z 軸）に平行であり，質点が反時計回り（時計回り）に運動するときに $+z$ 方向（$-z$ 方向）を向くと定義する．図 6.1 は反時計回りとなる場合を示しており，$\theta_{rp} > 0$, $L_z > 0$ となる．一方，時計回りの回転となる場合は，$\theta_{rp} < 0$, $L_z < 0$ となる．また，$\boldsymbol{L}$ の大きさは $\boldsymbol{r}$ と $\boldsymbol{p}$ がつくる平行四辺形の面積となる．したがって，$\boldsymbol{r}$ または $\boldsymbol{p}$ の一方と，それに対する他方の垂直成分の積として求めることができる．原点 O を回転の中心とするとき，$r_{\perp}$ は O から運動の方向線までの距離である点に注意しよう．

例題 6.1　質量 m の質点が半径 r の円周上を一定の速さ v で等速円運動をしているときの角運動量 L の大きさを求めよ．

解答　質点の回転方向の運動量は mv であるから，(6.2) 式より，

$$L = mrv$$

角運動量の理解を深めるために，次の例を考えよう．質点が空間内を等速直線運動するとき，その質点は運動量だけを持っているのであろうか．それとも角運動量が含まれるのであろうか．

原点の定め方によって，角運動量が存在する場合も存在しない場合もあるという

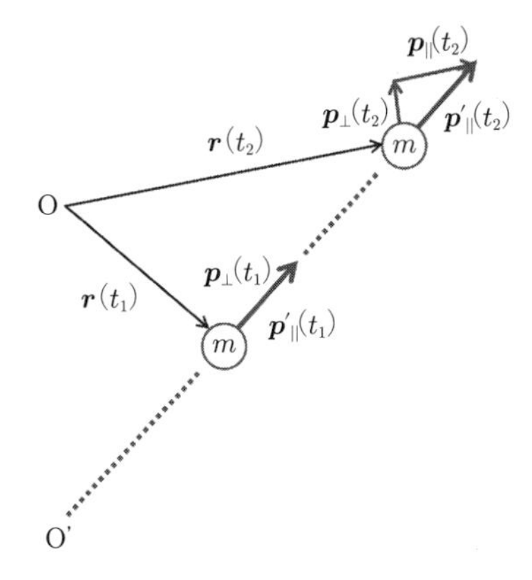

図 6.2　角運動量は原点の選び方で変わる

のが答えである．図 6.2 のように，質点が運動する直線上に原点 O′ を定めるとき，質点は運動量 $\boldsymbol{p}'_{\parallel}$ だけを持つことになる．一方，質点が運動する直線から外れた位置に原点 O を定めるとき，質点の運動量は $\boldsymbol{p}_{\parallel}$ と $\boldsymbol{p}_{\perp}$ の両方を持つようになり，同時に角運動量 $\boldsymbol{L}$ が生じる．時間の経過で質点の位置が変化すると，$\boldsymbol{p}_{\parallel}$ と $\boldsymbol{p}_{\perp}$ は一方が増えると他方が減るというように変化していくが，$\boldsymbol{L}$ は常に一定で変化しない．これは次節で述べる角運動量保存則が現れた一例である．なお，上記のように角運動量を考えるときに回転の中心はどこに選んでもよいが，以下では原点を回転の中心と考えることにする．

次に角運動量の微分を求めよう．同じベクトルの外積は 0 となることに注意して，

$$\begin{aligned}\frac{d\boldsymbol{L}}{dt} &= \frac{d}{dt}(\boldsymbol{r}\times\boldsymbol{p}) = \frac{d\boldsymbol{r}}{dt}\times\boldsymbol{p}+\boldsymbol{r}\times\frac{d\boldsymbol{p}}{dt}\\ &= \boldsymbol{v}\times m\boldsymbol{v}+\boldsymbol{r}\times\frac{d\boldsymbol{p}}{dt} = \boldsymbol{r}\times\frac{d\boldsymbol{p}}{dt} = \boldsymbol{r}\times\boldsymbol{F}\end{aligned} \tag{6.3}$$

のように計算される．最後の変形には運動方程式を用いた．また，任意のベクトル $\boldsymbol{a}$，$\boldsymbol{b}$ の間で成り立つ以下の公式を用いた．

$$\frac{d}{dt}(\boldsymbol{a}\times\boldsymbol{b}) = \frac{d\boldsymbol{a}}{dt}\times\boldsymbol{b}+\boldsymbol{a}\times\frac{d\boldsymbol{b}}{dt} \tag{6.4}$$

例題 6.2　(6.4) 式を証明せよ．

解答

$$\begin{aligned}\frac{d}{dt}(\boldsymbol{a}\times\boldsymbol{b}) &= \lim_{\Delta t\to 0}\frac{(\boldsymbol{a}+\Delta\boldsymbol{a})\times(\boldsymbol{b}+\Delta\boldsymbol{b})-\boldsymbol{a}\times\boldsymbol{b}}{\Delta t}\\ &= \lim_{\Delta t\to 0}\frac{\Delta\boldsymbol{a}\times\boldsymbol{b}+\boldsymbol{a}\times\Delta\boldsymbol{b}+\Delta\boldsymbol{a}\times\Delta\boldsymbol{b}}{\Delta t}\\ &= \lim_{\Delta t\to 0}\left(\frac{\Delta\boldsymbol{a}}{\Delta t}\times\boldsymbol{b}+\boldsymbol{a}\times\frac{\Delta\boldsymbol{b}}{\Delta t}+\frac{\Delta\boldsymbol{a}\times\Delta\boldsymbol{b}}{\Delta t}\right)\\ &= \frac{d\boldsymbol{a}}{dt}\times\boldsymbol{b}+\boldsymbol{a}\times\frac{d\boldsymbol{b}}{dt}\end{aligned}$$

最後の変形において，分子の微小量の次数が分母のそれに比べて高い第 3 項を落とした．

(6.3) 式の最後の形は，**力のモーメント（トルク）** [moment of force (torque)] という名前がついている．

力のモーメント（トルク）

$$\begin{cases}\boldsymbol{N} = \boldsymbol{r}\times\boldsymbol{F} & (6.5)\\ N = rF_{\perp} = r_{\perp}F = rF|\sin\theta_{rF}| & (6.6)\end{cases}$$

$\boldsymbol{N}$ の計算方法は，$\boldsymbol{L}$ の場合と同様である．$r_{\perp}$ は原点 O から力の作用線までの距離

であり，θ_{rF} は $\boldsymbol{r}$ から $\boldsymbol{F}$ に向けて反時計回りにとった角度である．(6.3) 式は**回転の運動方程式**と呼ばれ，力のモーメントと角運動量の変化を関係づける．$\boldsymbol{L}$ と $\boldsymbol{N}$ を用いて書くと，以下のようになる．

回転の運動方程式

$$\frac{d\boldsymbol{L}}{dt} = \boldsymbol{N} \tag{6.7}$$

以上の議論では 2 次元平面内の回転運動を想定して，回転運動に関する基本式 (6.1)，(6.5)，(6.7) 式を導いたが，これらの式は 3 次元空間内の回転運動についても，回転軸が時間変化する場合を含めて，同様に用いることができる．

角運動量を含む回転の運動方程式が，ニュートンの運動方程式から導出されたことに注意しよう．3 章と 4 章では，力学的エネルギーと運動量が同様にして導かれ，保存量となることを見た．次節で示されるように，角運動量もまた保存量となる．

6.2 角運動量保存則

図 6.3 に示すように，質点が力を受けていて，その力はある点（力の中心）から生じているとする．力の向きは質点と力の中心を結ぶ直線上にあり，力の大きさが力の中心からの距離のみで決まるとき，その力のことを中心力 $\boldsymbol{F}_r$ という．力の中心を原点とするとき，$\boldsymbol{r} /\!/ \boldsymbol{F}_r$ であるから，回転の運動方程式は，

$$\frac{d\boldsymbol{L}}{dt} = \boldsymbol{N} = \boldsymbol{r} \times \boldsymbol{F}_r = 0 \tag{6.8}$$

となって，$\boldsymbol{L}$ は一定となる．これを**角運動量保存則**という．前節で扱った等速直線運動の例では，$\boldsymbol{F} = 0$ であるから，当然のことながら角運動量保存則が成り立つ．また，等速円運動の場合でも，質点にはたらく力は原点方向を向いた向心力だけであるので，同様に角運動量保存則が成り立つ．

次に，図 6.4 に示すように，2 つの質点があるときの角運動量保存則を考えよう．質点間で力を及ぼし合うとしたときの各質点の回転の運動方程式は，

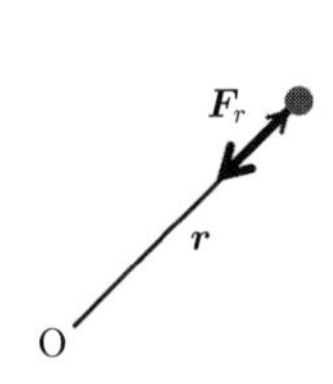

図 6.3 質点に作用する中心力

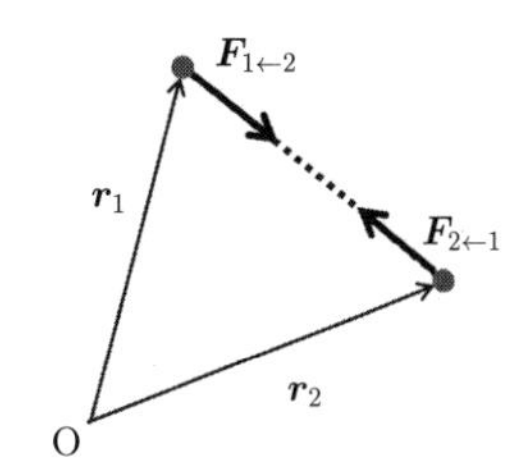

図 6.4 2 つの質点の間で作用し合う中心力

$$\begin{cases} \dfrac{d\boldsymbol{L}_1}{dt} = \boldsymbol{r}_1 \times \boldsymbol{F}_{1\leftarrow 2} & (6.9) \\ \dfrac{d\boldsymbol{L}_2}{dt} = \boldsymbol{r}_2 \times \boldsymbol{F}_{2\leftarrow 1} = -\boldsymbol{r}_2 \times \boldsymbol{F}_{1\leftarrow 2} & (6.10) \end{cases}$$

となる．(6.10) 式の変形には作用・反作用の法則を用いた．両式の和をとると，

$$\frac{d\boldsymbol{L}_1}{dt} + \frac{d\boldsymbol{L}_2}{dt} = (\boldsymbol{r}_1 - \boldsymbol{r}_2) \times \boldsymbol{F}_{1\leftarrow 2} \tag{6.11}$$

となる．質点間にはたらく力の作用線が 2 つの質点を結んだ直線上にあるとき，$\boldsymbol{F}_{1\leftarrow 2} /\!/ \boldsymbol{r}_1 - \boldsymbol{r}_2$ であるから，(6.11) 式の右辺に対応する力のモーメントの和 $\boldsymbol{N}_{\text{total}}$ は 0 である．また，2 つの質点が衝突した場合など，$\boldsymbol{r}_1 = \boldsymbol{r}_2$ が成り立つときにも，$\boldsymbol{N}_{\text{total}}$ は 0 になる．したがって，これらの条件が満たされる場合において，

$$\frac{d\boldsymbol{L}_1}{dt} + \frac{d\boldsymbol{L}_2}{dt} = \frac{d}{dt}(\boldsymbol{L}_1 + \boldsymbol{L}_2) = \frac{d\boldsymbol{L}_{\text{total}}}{dt} = 0 \tag{6.12}$$

の関係が成り立つ．つまり，角運動量の和 $\boldsymbol{L}_{\text{total}}$ が一定となる．以上の議論を一般化して，N 個の質点からなる系における角運動量保存則が得られる．

角運動量保存則

$\boldsymbol{N}_{\text{total}} = 0$ のとき，

$$\boldsymbol{L}_{\text{total}} = \sum_{i=1}^{N} \boldsymbol{L}_i = \text{const.} \tag{6.13}$$

ただし，この関係が成り立つのは，質点 i，j 間にはたらく力が質点間を結ぶベクトル $\boldsymbol{r}_i - \boldsymbol{r}_j$ に平行である場合，または $\boldsymbol{r}_i = \boldsymbol{r}_j$ が成り立つ場合に限られる．運動量保存則が成り立つための条件が，任意の内力のみがはたらくことであったのに対し，条件が厳しくなったように思われる．しかし，遠隔的にはたらく万有引力や電気力はともに中心力であることから，複数の質点（質点系）にはたらく力が内力のみの場合，角運動量保存則は常に成り立つと考えて差支えない．さらに，外力が加わる場合でも，それらの力のモーメントが全体としてキャンセルすれば，角運動量保存則は成立する．

例題 6.3　惑星の公転運動に関する**ケプラーの第 2 法則**（**面積速度一定の法則**）を導出せよ．

解答　恒星の位置を原点とし，惑星の位置を $\boldsymbol{r}$，惑星の速度を $\boldsymbol{v}$ とする．$\boldsymbol{r}$ と $\boldsymbol{v}$ がつくる平面において，$\boldsymbol{r}$ が微小時間 dt の間に掃く面積は，

$$dS = \frac{1}{2} r v_{\perp} dt$$

となる．ただし，$\boldsymbol{r}$ に垂直な $\boldsymbol{v}$ の成分を $v_{\perp}$ とした．したがって，面積速度は，

$$\frac{dS}{dt} = \frac{1}{2} r v_{\perp}$$

図 6.5　惑星が微小時間に掃く面積

となる．一方，惑星の角運動量の大きさは，

$$L = m r v_{\perp}$$

と書ける．惑星の位置ベクトル $\boldsymbol{r}$ と惑星にはたらく万有引力 $\boldsymbol{F}$ は平行であるから，$\boldsymbol{L}$ は一定である．したがって，

$$\frac{dS}{dt} = \frac{L}{2m} = \text{const.} \tag{6.14}$$

となる．ケプラーの第 2 法則は，角運動量保存則を別の形で言い換えたに過ぎない．また，惑星の角運動量が一定であることは，惑星が恒星を含むある平面内を運動することを示している．

6.3　発 展　一般的な回転運動

図 6.6(a) に示すように，一般的な回転運動では，質点の位置を示すのに用いる極座標 r，θ の両方が時間 t に依存するようになる．図 6.6(b) に示すように，動径 r 方向の加速度成分を a_r，それに垂直な方位角 θ 方向の加速度成分を a_θ とし，これらの方向における力の成分を F_r，F_θ と書けば，質点の質量を m としたときの運動方程式は，1 章の (1.82) 式を用いて，

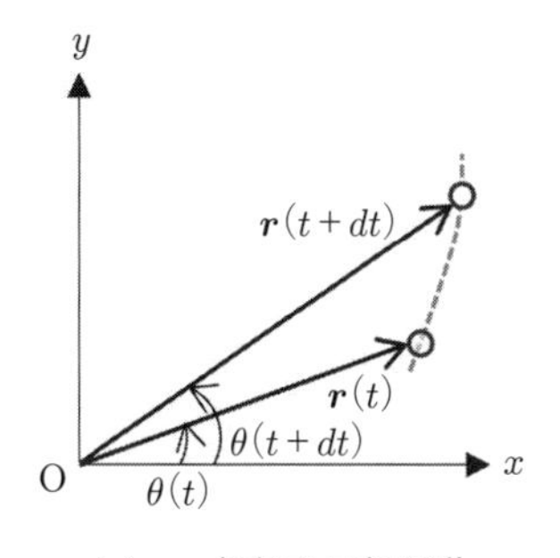

(a)　一般的な回転運動

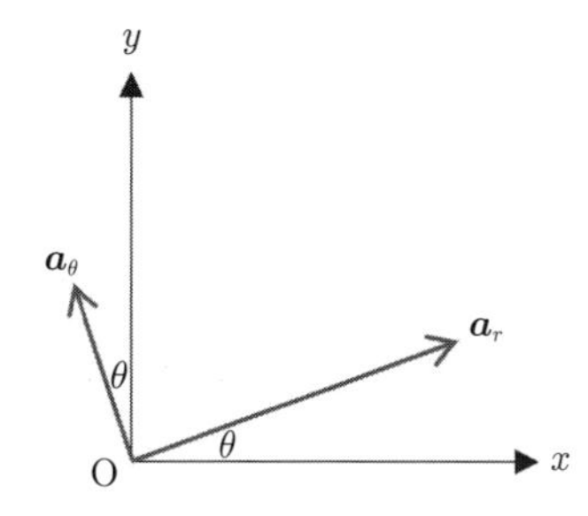

(b)　動径 r 方向と方位角 θ 方向の加速度

図 6.6

$$\begin{cases} ma_r = m\left(\dfrac{d^2r}{dt^2} - r\left(\dfrac{d\theta}{dt}\right)^2\right) = F_r & (6.15) \\ ma_\theta = m\left(2\dfrac{dr}{dt}\dfrac{d\theta}{dt} + r\dfrac{d^2\theta}{dt^2}\right) = \dfrac{1}{r}\dfrac{d}{dt}\left(mr^2\dfrac{d\theta}{dt}\right) = F_\theta & (6.16) \end{cases}$$

となる．ここで，

$$mr^2\frac{d\theta}{dt} = rp_\theta = L \tag{6.17}$$

であるから，(6.16) 式は結局，

$$\frac{dL}{dt} = rF_\theta = N \tag{6.18}$$

となって，回転の運動方程式に帰着する．これは，以上の議論において，直交座標でなく極座標を用いたことに由来する．極座標を用いると，2 次元的な運動が，動径方向の運動と回転運動に分けられることになる．そして，回転運動を記述する式として，回転の運動方程式が現れる．

6.4 発展 惑星の運動

質量 M の恒星の周りを質量 m の惑星が運動しているとする．恒星と惑星の質量差は十分に大きく ($M \gg m$)，恒星は原点 O に静止していると見なすことができるとする．惑星の軌道面に x，y 軸をとり，極座標を用いることにする．動径方向（r 方向）の運動方程式は，(6.15) 式の F_r に万有引力を代入して，

$$m\left(\frac{d^2r}{dt^2} - r\left(\frac{d\theta}{dt}\right)^2\right) = -\frac{GMm}{r^2} \tag{6.19}$$

となる．一方，回転方向においては，万有引力が与える力のモーメントが 0 であるから，(6.17) 式で与えられる角運動量は一定となる．

$$L = mr^2\frac{d\theta}{dt} = \text{const.} \tag{6.20}$$

(6.19) と (6.20) 式から，$d\theta/dt$ を消去すると，

$$\frac{d^2r}{dt^2} - \frac{L^2}{m^2r^3} = -\frac{GM}{r^2} \tag{6.21}$$

となる．左辺第 1 項は，

$$\begin{aligned} \frac{d^2r}{dt^2} &= \frac{d}{dt}\left(\frac{d\theta}{dt}\frac{dr}{d\theta}\right) = \frac{d}{dt}\left(\frac{L}{mr^2}\frac{dr}{d\theta}\right) = \frac{L}{m}\frac{d\theta}{dt}\frac{d}{d\theta}\left(\frac{1}{r^2}\frac{dr}{d\theta}\right) \\ &= \frac{L^2}{m^2r^2}\frac{d}{d\theta}\left(\frac{1}{r^2}\frac{dr}{d\theta}\right) \end{aligned} \tag{6.22}$$

となる．ここで，(6.20) 式を用いた．さらに変数変換

$$\begin{aligned} u &= \frac{1}{r} \\ \therefore \frac{du}{d\theta} &= -\frac{1}{r^2}\frac{dr}{d\theta} \end{aligned} \tag{6.23}$$

を行うと，(6.21) 式は，

$$\begin{aligned} \frac{L^2}{m^2}u^2\frac{d}{d\theta}\left(-\frac{du}{d\theta}\right)-\frac{L^2}{m^2}u^3&=-GMu^2 \\ \therefore \frac{d^2u}{d\theta^2}&=-\left(u-\frac{GMm^2}{L^2}\right) \end{aligned} \tag{6.24}$$

となる．この式は 5 章で学んだ単振動の方程式と同じ形をしているから，

$$u-\frac{GMm^2}{L^2}=A\cos\theta \tag{6.25}$$

と解くことができる．ここで，A は積分定数であり，三角関数の初期位相を 0 とした．再び，r を用いて書きかえると，

$$\begin{aligned} \frac{1}{r}&=\frac{GMm^2+AL^2\cos\theta}{L^2} \\ \therefore r&=\frac{\frac{L^2}{GMm^2}}{1+\frac{AL^2}{GMm^2}\cos\theta} \end{aligned} \tag{6.26}$$

となる．この方程式を**軌道方程式**という．

軌道方程式

$$r=\frac{l}{1+\epsilon\cos\theta} \tag{6.27}$$

ここで，l と ϵ を導入した．ϵ は**離心率**と呼ばれる．

$$\begin{cases} l=\dfrac{L^2}{GMm^2} & (6.28) \\ \epsilon=\dfrac{AL^2}{GMm^2} & (6.29) \end{cases}$$

惑星の軌道を離心率 ϵ で整理しよう．$\epsilon=0$ $(A=0)$ のとき，半径 $r=l$ の円軌道となるが，$\epsilon>0$ のとき，軌道がどのように変化するだろうか．$|\cos\theta|\leqq 1$ であるから，$\epsilon=1$ を境に軌道の形が大きく変化することが予想される．このことを具体的に見るために，$x=r\cos\theta$，$y=r\sin\theta$ の関係を使って (6.27) 式を直交座標に変換すると，

$$\begin{aligned} \sqrt{x^2+y^2}&=-\epsilon x+l \\ \therefore x^2+y^2&=\epsilon^2x^2-2\epsilon lx+l^2 \end{aligned} \tag{6.30}$$

となる．$\epsilon=1$ のとき，(6.30) 式は放物線の方程式となる．

$$y^2=-2lx+l^2 \tag{6.31}$$

このとき，惑星は恒星に束縛されずに無限遠まで離れて行ってしまう．次に，$\epsilon\neq 1$ のとき，(6.30) 式は，

$$
\begin{aligned}
(1-\epsilon^2)\left(x^2+\frac{2\epsilon l}{1-\epsilon^2}x\right)+y^2&=l^2 \\
\therefore (1-\epsilon^2)\left(x+\frac{\epsilon l}{1-\epsilon^2}\right)^2+y^2&=\frac{l^2}{1-\epsilon^2}
\end{aligned} \tag{6.32}
$$

となる．$0<\epsilon<1$ のとき，(6.32) 式は楕円の方程式となる．

$$
\begin{aligned}
(1-\epsilon^2)\frac{\left(x+\frac{\epsilon l}{1-\epsilon^2}\right)^2}{\frac{l^2}{1-\epsilon^2}}+\frac{y^2}{\frac{l^2}{1-\epsilon^2}}&=1 \\
\therefore \frac{\left(x+\epsilon\frac{l}{1-\epsilon^2}\right)^2}{\left(\frac{l}{1-\epsilon^2}\right)^2}+\frac{y^2}{\left(\frac{l}{\sqrt{1-\epsilon^2}}\right)^2}&=1 \\
\therefore \frac{(x+\epsilon a)^2}{a^2}+\frac{y^2}{b^2}&=1
\end{aligned} \tag{6.33}
$$

a と b は楕円の長軸と短軸である．

$$
\begin{cases}
a=\dfrac{l}{1-\epsilon^2} & (6.34) \\
b=\dfrac{l}{\sqrt{1-\epsilon^2}}=a\sqrt{1-\epsilon^2} & (6.35)
\end{cases}
$$

楕円の原点は，$(-\epsilon a, 0)$ であり，楕円の原点から焦点までの距離は，

$$
\sqrt{a^2-b^2}=\sqrt{a^2-a^2\left(1-\epsilon^2\right)}=\epsilon a \tag{6.36}
$$

であるから，焦点は $(0,0)$，$(-2\epsilon a, 0)$ となる．したがって，恒星の周りを回る惑星の軌道は恒星を焦点とする楕円を描くという**ケプラーの第 1 法則**が示された．

このときの周期 T は，楕円の面積を面積速度で割ることによって求まる．まず，楕円の面積は (6.35) 式を用いて，

$$
\pi ab=\pi a^2\sqrt{1-\epsilon^2} \tag{6.37}
$$

となる．面積速度は (6.14)，(6.28) 式から L を消去して，

$$
\frac{dS}{dt}=\frac{\sqrt{GMl}}{2} \tag{6.38}
$$

となる．したがって，周期 T は，

$$
T=\frac{\pi ab}{\frac{dS}{dt}}=\frac{\pi a^2\sqrt{1-\epsilon^2}}{\frac{\sqrt{GMl}}{2}}=\frac{2\pi}{\sqrt{GM}}\sqrt{\frac{1-\epsilon^2}{l}}a^2=\frac{2\pi}{\sqrt{GM}}a^{\frac{3}{2}} \tag{6.39}
$$

と求まる．最後の変形では (6.34) 式を用いた．惑星の軌道運動の周期が長半径の 3/2 乗に比例するという**ケプラーの第 3 法則**が示された．

離心率 ϵ と惑星の軌道の関係に戻ると，$\epsilon>1$ のとき，(6.32) 式は，

$$
\frac{\left(x-\epsilon\frac{l}{\epsilon^2-1}\right)^2}{\left(\frac{l}{\epsilon^2-1}\right)^2}-\frac{y^2}{\left(\frac{l}{\sqrt{\epsilon^2-1}}\right)^2}=\frac{(x-\epsilon a')^2}{a'^2}-\frac{y^2}{b'^2}=1 \tag{6.40}
$$

となり，双曲線の方程式となる．ここで，a' と b' を定義した．このとき，惑星は恒星に束縛されない．

恒星の位置を原点とし，$l=1$ に固定して，ϵ を変化させたときの惑星の軌道を図 6.7 に示す．楕円軌道，放物線軌道，双曲線軌道が描かれる．

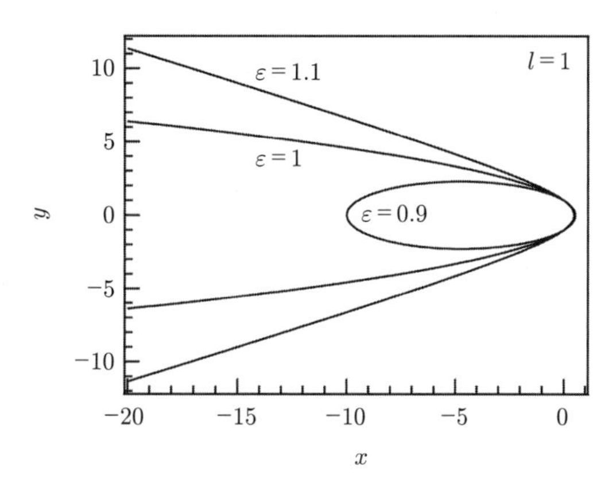

図 6.7 惑星の軌道

最後に，惑星の軌道とエネルギーの関係を調べよう．まず，惑星の運動エネルギー K の極座標表示は 1 章の (1.80) 式より，

$$K = \frac{1}{2}m\left[\left(\frac{dr}{dt}\right)^2 + r^2\left(\frac{d\theta}{dt}\right)^2\right] \tag{6.41}$$

となる．したがって，力学的エネルギー E は，

$$E = K + V = \frac{1}{2}m\left(\frac{dr}{dt}\right)^2 + \frac{L^2}{2mr^2} - \frac{GMm}{r} \tag{6.42}$$

となる．ここで，右辺第 2 項の変形に (6.20) 式を利用した．右辺第 2 項は方位角方向の運動エネルギーであるが，r に依存する（ポテンシャルの形をしている）ことから，**遠心力ポテンシャル**という名前が与えられている．遠心力ポテンシャルと万有引力ポテンシャルの和は，**有効ポテンシャル** V_{eff} と呼ばれる．

有効ポテンシャル

$$V_{\mathrm{eff}} = \frac{L^2}{2mr^2} - \frac{GMm}{r} \tag{6.43}$$

有効ポテンシャルに以下の変形を行う．

$$
\begin{aligned}
V_{\text{eff}} &= \frac{L^2}{2m}\left(\frac{1}{r^2} - \frac{2GMm^2}{L^2}\frac{1}{r}\right) \\
&= \frac{L^2}{2m}\left(\frac{1}{r^2} - 2\frac{1}{r_0 r}\right) \\
&= \frac{L^2}{2mr_0^2}\left(\frac{r_0^2}{r^2} - 2\frac{r_0}{r}\right) \\
&= V_0\left(\frac{r_0^2}{r^2} - 2\frac{r_0}{r}\right) \\
\therefore \frac{V_{\text{eff}}}{V_0} &= \frac{1}{(r/r_0)^2} - \frac{2}{r/r_0}
\end{aligned}
\tag{6.44}
$$

ここで，定数 r_0 と V_0 を定めた．V_{eff}/V_0 は $r/r_0 = 1$ で極小値 -1 をもち，$r/r_0 \to 0$ で ∞ に発散し，$r/r_0 \to \infty$ で 0 に近づく．

3.2.3 で行った議論から，惑星の運動は $E \geqq V_{\text{eff}}$ が成り立つ範囲に限られる．$E < 0$ においては，惑星は極小値の周りのある有限範囲を運動することになる．一方，$E \geqq 0$ においては，惑星は無限遠まで離れて行ってしまう．また，遠心力ポテンシャルのために，惑星は恒星に一定以上近づくことはできない．これらの有効ポテンシャルから推察される惑星の可動範囲と，軌道方程式を離心率 ϵ で整理した結果とを対応させると，$E < 0$ のときが楕円軌道，$E \geqq 0$ のときが放物線および双曲線軌道であると考えられる．このことを具体的に見るために，E を ϵ を含む形で表してみよう．(6.42) 式には，dr/dt が含まれるから，(6.27) 式を微分する．

$$
\begin{aligned}
\frac{dr}{dt} &= \frac{d}{dt}\left(\frac{l}{1+\epsilon\cos\theta}\right) = \frac{l\epsilon\sin\theta}{(1+\epsilon\cos\theta)^2}\frac{d\theta}{dt} = \frac{r^2\epsilon\sin\theta}{l}\frac{d\theta}{dt} \\
&= \frac{L\epsilon\sin\theta}{ml}
\end{aligned}
\tag{6.45}
$$

最後の変形には (6.20) 式を用いた．(6.42) 式の第 1 項と第 2 項の和は，

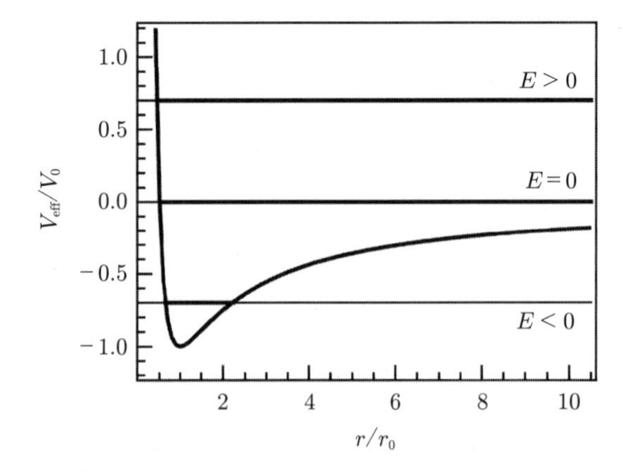

図 6.8　有効ポテンシャルと惑星の可動範囲

$$
\begin{aligned}
&\frac{L^2}{2m}\left[\left(\frac{\epsilon\sin\theta}{l}\right)^2+\left(\frac{1+\epsilon\cos\theta}{l}\right)^2\right] \\
&\quad=\frac{L^2}{2m}\frac{\left(\epsilon^2-1\right)+2\left(1+\epsilon\cos\theta\right)}{l^2}=\frac{L^2}{2m}\left(\frac{\epsilon^2-1}{l^2}+\frac{2}{rl}\right)
\end{aligned}
\tag{6.46}
$$

となる．ここで，(6.27) 式を用いた．上式に (6.28) 式を用いて l を消去すると，

$$
\frac{L^2}{2m}\left(\frac{GMm^2}{L^2}\right)^2\left(\epsilon^2-1\right)+\frac{L^2}{mr}\frac{GMm^2}{L^2}=\frac{G^2M^2m^3}{2L^2}\left(\epsilon^2-1\right)+\frac{GMm}{r}
\tag{6.47}
$$

となる．したがって，惑星の力学的エネルギーは，

$$
E=\frac{G^2M^2m^3}{2L^2}\left(\epsilon^2-1\right)
\tag{6.48}
$$

となる．$E=0$ が $\epsilon=1$ に対応している．したがって，$E<0$ のとき楕円軌道，$E=0$ のとき放物線軌道，$E>0$ のとき双曲線軌道となることが分かる．

章末問題　6

問 6.1　図 1 のように，原点 O の周りを等速円運動する質点 A と B，等速直線運動する質点 C がある．各質点の質量はすべて m であり，速さもすべて v である．それぞれの O の周りの角運動量を求めよ．

問 6.2　質点の自由落下において，適当に原点を定めて，回転の運動方程式 [(6.7) 式] が成り立つことを示せ．

問 6.3　図 2 のように，水平面内を自由に回転できるように端が固定された細い棒がある．その反対側の端には，質量 m の物体が取り付けてある．この物体に対し，粘性をもった質量 M の物体を，速さ v で棒に垂直な方向から衝突させると，両者は一体となって回転運動を行った．このときの角速度の大きさを求めよ．

問 6.4　**発 展**　惑星が恒星の周りを楕円軌道で周回している．惑星が楕円軌道の長さ b の短軸上にあるとき，その速さが v_0 であった．また，惑星が長軸上の恒星に近い方の位置にあるときの惑星と恒星の距離を R とする．このときの惑星の速さ v を求めよ．

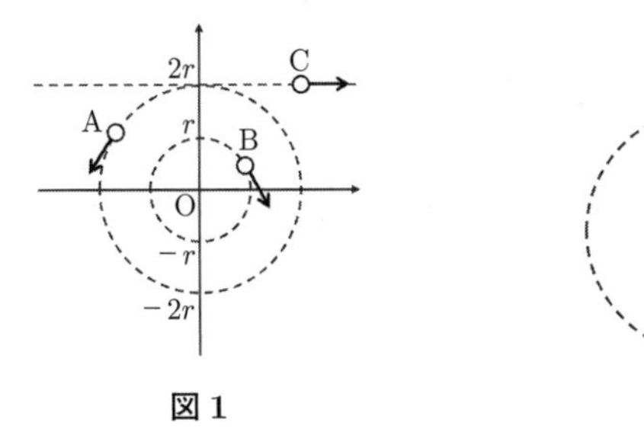

図 1　　　　図 2

7 剛　　体

すべての物体は大きさをもつ．本章では質点の力学から進んで，物体がもつ大きさを取り入れた場合の力学を展開する．問題は複雑化するが，物体の変形が無視され，また，物体が対称的な形状をもつのであれば，その運動の予測が可能になる．

7.1 剛　　体

これから，物体が大きさをもつ場合について話を進める．簡単のために，物体に力を加えたときに起こる形状の変化を無視することにする．このような理想化した物体を**剛体** (rigid body) と呼ぶ．

質点の位置は 1 点 A に集中するため，3 次元空間において，3 個の変数 (x_A, y_A, z_A) で与えられた．剛体の位置を指定するにはいくつの変数が必要であろうか．剛体内で一直線上にない 3 点 A，B，C の座標を指定すれば，剛体の位置が一つに決定される．このために必要な変数の数は 9 個である．一方，剛体の形状は変化しないので，剛体内の任意の 2 点間の距離は常に一定である．したがって，AB，BC，CA 間の距離が一定となるので，9 個の変数の中から 3 個の変数を減らすことができる．つまり，剛体の位置は 6 個の変数で決定される．このことを剛体の自由度は 6 であるという．剛体が 2 次元平面内にあるときの位置は，2 点 A，B だけで決定するので，その自由度は $2 \times 2 - 1 = 3$ である．

例題 7.1　3 次元空間内の剛体の自由度に関する 6 個の変数の別の組み合わせをあげよ．

解答

(1) 剛体内の 2 点 A，B の位置について $3 \times 2 - 1 = 5$ 個．直線 AB を軸とする回転角の 1 個．

(2) 剛体内の 1 点 A の位置について 3 個．A を通る回転軸を指定するのに z 軸からの回転角（極角）と xy 面内の回転角（方位角）の 2 個．回転軸周りの回転角の 1 個．

7.2 剛体のつり合い

空間内で剛体が静止または一定の運動を続けている場合，すなわち，剛体がつり合いの状態にある場合を考えてみよう．このときの剛体はどのような条件を満たしているだろうか．まず，剛体の並進運動（剛体の各点が同一の平行移動をするような運動）が時間的に一定であることが必要である．そのための条件は，

$$\boldsymbol{F}_{\text{total}} = \sum_i \boldsymbol{F}_i = 0 \tag{7.1}$$

となる．ここで，剛体にはたらくすべての力について，力の作用点を問題とせずに和をとる．次節において，剛体の重心の運動は，剛体にはたらくすべての力の単純な和によって決定されることが導かれる．したがって，(7.1) 式は剛体の重心が静止または等速直線運動をしているための条件式と見ることができる．

一方，剛体は大きさをもつために，任意の軸の周りの回転（自転）が可能である．したがって，あらゆる軸の周りの角運動量が時間的に変化しない必要がある．まず，原点 O を通る軸の周りの角運動量が一定であるための条件は，剛体に作用する原点 O 周りのすべての力のモーメントが打ち消し合って 0 になることであるから，

$$\boldsymbol{N}_{\text{total}} = \sum_i (\boldsymbol{r}_i \times \boldsymbol{F}_i) = 0 \tag{7.2}$$

である．以上の 2 式が成り立つとき，原点 O から $\boldsymbol{R}$ だけずれた点を通る軸の周りの力のモーメントは，

$$\boldsymbol{N}'_{\text{total}} = \sum_i (\boldsymbol{r}_i - \boldsymbol{R}) \times \boldsymbol{F}_i = \boldsymbol{N}_{\text{total}} - \boldsymbol{R} \times \sum_i \boldsymbol{F}_i = 0 \tag{7.3}$$

となる．同様に 0 となることが示された．したがって，剛体の角運動量は，ある 1 つの軸の周りの力のモーメントが 0 であれば一定となる．以上から，剛体のつり合いの条件は，以下の 2 式でまとめられる．

剛体のつり合いの条件

$$\begin{cases} \boldsymbol{F}_{\text{total}} = 0 & (7.4) \\ \boldsymbol{N}_{\text{total}} = 0 & (7.5) \end{cases}$$

このとき，剛体は静止または一定の並進運動と回転運動を続けることになる．

発展　剛体のつり合いの条件の別の導出

剛体のつり合いの条件は，仕事に注目しても求めることができる．具体的には，剛体のつり合いにおいて，剛体の変位によらずに仕事が 0 となることに注目する．まず，剛体の並進運動による仕事は，変位を $\Delta \boldsymbol{r}$ とするとき，

$$\Delta W_r = \sum_i \boldsymbol{F}_i \cdot \Delta \boldsymbol{r} = \boldsymbol{F}_{\text{total}} \cdot \Delta \boldsymbol{r} \tag{7.6}$$

となる．ΔW_r が 0 となるためには，$\boldsymbol{F}_{\text{total}}$ が 0 となることが必要となる．この条件は (7.4) 式に等しい．続いて，回転運動による仕事を考えよう．$\boldsymbol{F}_i$ の $\boldsymbol{r}_i$ に垂直な成分を $F_{i,\perp}$ とし，$\boldsymbol{F}_i$ の作用点の変位を $r_i\Delta\theta$ とするとき，

$$\Delta W_\theta = \sum_i F_{\text{i},\perp}(r_i\Delta\theta) = N_{\text{total}}\Delta\theta \tag{7.7}$$

となる．ΔW_θ が 0 となるためには，N_{total} が 0 となることが必要となって，(7.5) 式の条件が導かれる．仕事は力と（同じ方向の）距離の増分 Δr の積としてだけでなく，力のモーメントと（同じ回転軸を用いたときの）角度の増分 $\Delta\theta$ の積としても書かれることは重要である．

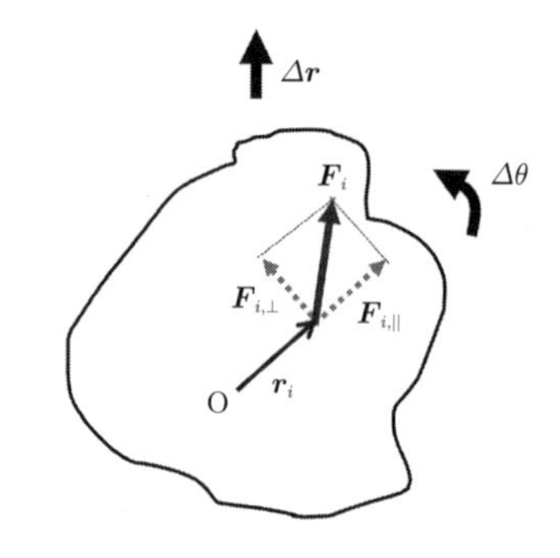

図 7.1　並進運動と回転運動する剛体

例題 7.2　図 7.2 のようなシーソーが静止しているとき，シーソーの支点にはたらく抗力 $\boldsymbol{N}$ の大きさ，および，a と b の関係を求めよ．

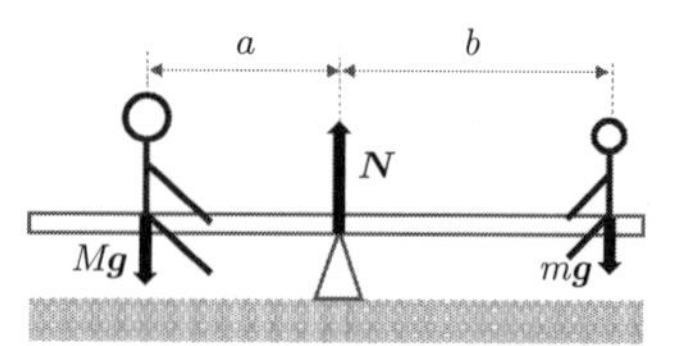

図 7.2　シーソーのつり合い

解答　(7.4) 式より

$$N = (M + m)g$$

が成り立つ．一方，(7.5) 式より，シーソーの支点の周りの力のモーメントに注目して，

$$Mga - mgb = 0$$

が成り立つ．したがって，

$$Ma = mb$$

となる．このとき，垂直抗力 N による力のモーメントは 0 となることに注意しよう．

7.3 発展 重　心

剛体に対してはたらく重力（地球からの万有引力）について考察しよう．剛体には大きさがあり，剛体中のあらゆる場所が質量をもっていて，それぞれに重力が作用する．図 7.3 に示すように，剛体を微小な領域に細かく分割して，i 番目の領域の位置ベクトルを $\boldsymbol{r}_i$，質量を m_i とし，ここに重力 $\boldsymbol{F}_i$ がはたらいているとする．したがって，i 番目の運動方程式は

$$m_i \frac{d^2 \boldsymbol{r}_i}{dt^2} = \frac{d^2}{dt^2}(m_i \boldsymbol{r}_i) = \boldsymbol{F}_i + \sum_{j \neq i} \boldsymbol{F}_{i \leftarrow j} \tag{7.8}$$

となる．ここで，質量が時間に対して一定であるとした．$\sum_{j \neq i} \boldsymbol{F}_{i \leftarrow j}$ は，i 番目の領域に対して剛体内の別の様々な領域からはたらく力（例えば，万有引力）を示している．作用・反作用の法則によって，i 番目を除く各領域には i 番目の領域から大きさが同じで逆向きの力が与えられていることに注意しよう．これらの力は内力と呼ばれ，全体として打ち消し合いが起きている．したがって，i をずらしていって剛体の全領域に渡って運動方程式の和をとると，内力に関する項は落ちて，

$$\sum_i \frac{d^2}{dt^2}(m_i \boldsymbol{r}_i) = \frac{d^2}{dt^2} \sum_i m_i \boldsymbol{r}_i = \sum_i \boldsymbol{F}_i = \boldsymbol{F}_{\text{total}} \tag{7.9}$$

となる．2 番目の変形では和と微分の入れ替えを行った．$\boldsymbol{F}_{\text{total}}$ は剛体にはたらく全重力を表している．ここで，

$$\sum_i m_i = M \tag{7.10}$$

とし，**重心**（**質量中心**）[center of gravity (center of mass)] の位置ベクトルを以下のように定義する．

重心の位置ベクトル

$$\boldsymbol{r}_{\text{G}} = \frac{\sum_i m_i \boldsymbol{r}_i}{\sum_i m_i} = \frac{\sum_i m_i \boldsymbol{r}_i}{M} \tag{7.11}$$

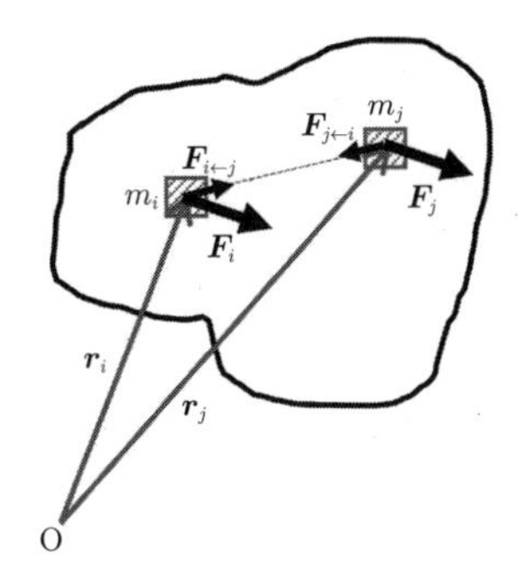

図 7.3　剛体の微小領域 i と j にはたらく重力

このとき，(7.9) 式は重心の位置ベクトルを用いて表される．

重心の運動方程式

$$M\frac{d^2\boldsymbol{r}_\mathrm{G}}{dt^2} = \boldsymbol{F}_\mathrm{total} \tag{7.12}$$

この式は，重心 $\boldsymbol{r}_\mathrm{G}$ にすべての質量とすべての重力を集中させたときの運動方程式となっている．剛体は大きさをもつが，その重心という一点に全質量と全重力を集めて，運動方程式を立てることができるのである．以上の議論は，剛体に重力が作用する場合だけでなく，剛体に一般の外力が作用する場合についてもそのまま成立する．(7.12) 式に従う運動を剛体の並進運動とよぶ．

例題 7.3　質量 m_1 の質点が (x_1, y_1) にあり，質量 m_2 の質点が (x_2, y_2) にあるとき，この 2 体系の重心の座標を求めよ．

解答

$$\boldsymbol{r}_\mathrm{G} = \left(\frac{m_1x_1 + m_2x_2}{m_1 + m_2}, \frac{m_1y_1 + m_2y_2}{m_1 + m_2}\right)$$

7.4 発 展　剛体の平面運動

本章の終わりに，ヨーヨーを例として，剛体の平面運動を考えよう．ヨーヨーは，回転しながら,「ゆっくりと」落下することに気づいたことはあるだろうか．物体は落下によって運動エネルギーを増加させることができるが，ヨーヨーの場合，同時に回転運動が生じるために，落下のエネルギーの一部が回転のエネルギーに奪われてしまうのである．今から，このことを具体的に計算してみよう．

図 7.4 に示すように，ヨーヨーの回転軸と糸の太さは十分に小さいとし，ヨーヨー本体は半径 R の円板と見なせることにする．円板の質量は m であり，面全体で均一とする．したがって，円板の面密度（単位面積あたりの質量）は，

$$\rho = \frac{m}{\pi R^2} \tag{7.13}$$

である．鉛直下向きに x 軸をとり，時刻 t における円板の中心（重心）の位置を x とする．円板が速度

$$v = \frac{dx}{dt} \tag{7.14}$$

で落下しながら，反時計回りに回転している場合を考える．まず，円板の重心の並進運動の方程式は，(7.12) 式より，糸の張力を S として，

$$m\frac{dv}{dt} = mg - S \tag{7.15}$$

である．円板と糸が滑らないとすれば，円板の角速度 ω を用いて，円板の落下速度は

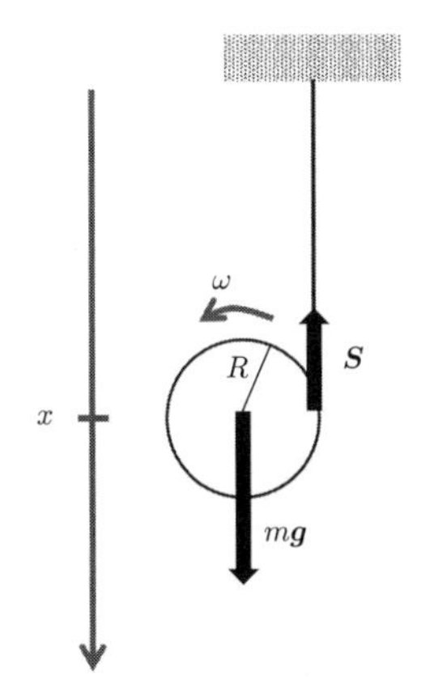

図 7.4 ヨーヨーの落下

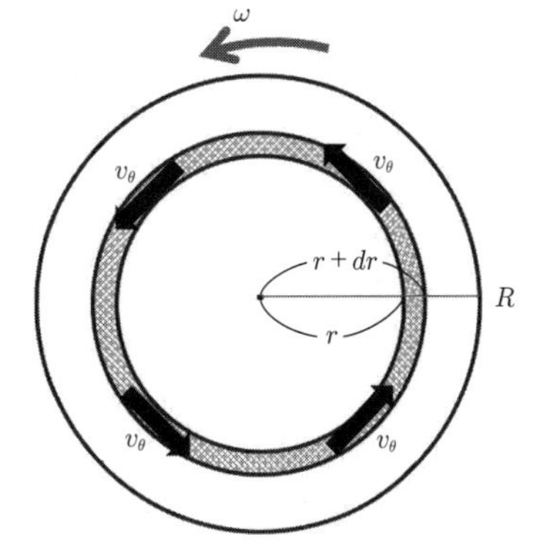

図 7.5 ヨーヨーの回転速度が等しい微小領域

$$v = R\omega \tag{7.16}$$

とも書くことができる．円板の角速度 ω は円板全体で共通であるが，円板の回転速度は場所によって異なる．円板の中心から r 離れた微小領域における回転速度 v_θ は，

$$v_\theta = r\omega \tag{7.17}$$

となる．ここで，半径が等しい微小領域はその領域全体で回転速度が等しいことに注意しよう．つまり，図 7.5 に示される半径 r と $r+dr$ の間の領域は一様に回転速度が等しくなる．この領域の面積は，

$$dS = \pi[(r+dr)^2 - r^2] = 2\pi r\,dr + (dr)^2 \sim 2\pi r\,dr \tag{7.18}$$

であり，したがって，この領域の質量は，

$$dm = \rho\,dS = \frac{m}{\pi R^2}\,2\pi r\,dr = \frac{2mr\,dr}{R^2} \tag{7.19}$$

となる．以上から，この領域のもつ角運動量は，

$$dL = dm\,rv_\theta = \frac{2m\omega r^3\,dr}{R^2} \tag{7.20}$$

と求まる．故に，円板全体の角運動量は，

$$L = \int dL = \int_0^R \frac{2m\omega r^3\,dr}{R^2} = \frac{mR^2}{2}\omega \tag{7.21}$$

となる．ここで，慣性モーメント $I_{円板}$ を以下のように定義する．

$$I_{円板} = \frac{mR^2}{2} \tag{7.22}$$

このとき，角運動量は，

$$L = I_{円板}\omega \tag{7.23}$$

と表される．**慣性モーメント** (moment of inertia) は剛体の回転についての慣性を表すもので，力のモーメントを与えたときに，回転運動が生じる（角運動量が変化する）ことの起こりにくさを示している．慣性モーメントは剛体の形状によって決まり，時間に依存しない．

以上から，円板の中心を軸とする回転の運動方程式は，

$$RS = \frac{dL}{dt} = I_{円板}\frac{d\omega}{dt} = \frac{mR^2}{2}\frac{d\omega}{dt} \tag{7.24}$$

と書ける．

これで基本となる式は出揃った．2 つの運動方程式 (7.15)，(7.24) 式と，糸が滑らない条件 (7.16) 式である．2 次元の剛体の自由度が 3 であったことを思い出そう．いま，未知数は，v，ω，S の 3 つであり，上記の 3 つの方程式から求めることができる．まず，(7.16) 式を微分する．

$$\frac{dv}{dt} = R\frac{d\omega}{dt} \tag{7.25}$$

(7.24) 式の両辺の R を落とし，(7.25) 式を用いると，

$$S = \frac{mR}{2}\frac{d\omega}{dt} = \frac{m}{2}\frac{dv}{dt} \tag{7.26}$$

となる．(7.15) と (7.26) 式から S を消去すると，

$$a = \frac{dv}{dt} = \frac{2}{3}g \tag{7.27}$$

と求まる．重力加速度が 2/3 倍に減少していることが導かれた．つまり，ヨーヨーが，「ゆっくりと」落下することが求められた．(7.27) 式を (7.26) 式に代入すれば，

$$S = \frac{mg}{3} \tag{7.28}$$

が得られる．同様にして，角速度 ω も求めることができる．

続いて，ヨーヨーに成り立つ力学的エネルギー保存則を導いてみよう．(7.15) 式の両辺に v を掛けて，(7.26) 式を用いると，

$$\begin{aligned} mv\frac{dv}{dt} &= mgv - \frac{mR}{2}\frac{d\omega}{dt}v = mg\frac{dx}{dt} - \frac{mR^2\omega}{2}\frac{d\omega}{dt} \\ &= mg\frac{dx}{dt} - I_{円板}\omega\frac{d\omega}{dt} \end{aligned} \tag{7.29}$$

となる．ここで，(7.14)，(7.16)，(7.22) 式を使った．(7.29) 式は，

$$\frac{d}{dt}\left(\frac{1}{2}mv^2\right) = \frac{d}{dt}(mgx) - \frac{d}{dt}\left(\frac{1}{2}I_{円板}\omega^2\right) \tag{7.30}$$

となるから，両辺を積分して次のエネルギー保存則が導かれる．

$$\frac{1}{2}mv^2 - mgx + \frac{1}{2}I_{円板}\omega^2 = E \tag{7.31}$$

第 1 項は落下（並進運動）の運動エネルギー，第 2 項は重力のポテンシャルエネルギーであり，第 3 項が回転運動の運動エネルギーとなる．

回転運動のエネルギー E_θ は，円板の各微小領域の運動エネルギーの積分から導くことも可能である．半径 r と $r+dr$ に囲まれた微小領域のもつ回転の運動エネルギーは，

$$dE_\theta = \frac{1}{2}\,dm\,{v_\theta}^2 = \frac{1}{2}\,\frac{2mr\,dr}{R^2}\,(r\omega)^2 = \frac{m\omega^2}{R^2}r^3\,dr \tag{7.32}$$

となる．ここで，(7.17) と (7.19) 式を用いた．(7.32) 式を円板全体で積分すれば，

$$E_\theta = \int dE_\theta = \int_0^R \frac{m\omega^2}{R^2}r^3\,dr = \frac{1}{4}mR^2\omega^2 = \frac{1}{2}I_{円板}\omega^2 \tag{7.33}$$

となって (7.31) 式の左辺の第 3 項が導かれる．

最後に，一般の場合の慣性モーメントについてまとめておこう．2 次元の剛体の固定軸の周りの回転運動を考えるとき，剛体の微小領域 i の質量を m_i，固定軸からの距離を r_i，剛体の角速度を ω として，i の角運動量は，

$$dL_i = m_i{r_i}^2\omega \tag{7.34}$$

である．したがって，剛体全体の角運動量は，

$$L = \sum_i dL_i = \sum_i m_i{r_i}^2\omega \tag{7.35}$$

となる．和は剛体全体に渡ってとる．慣性モーメントは以下のように定義される．

慣性モーメント

$$I = \sum_i m_i{r_i}^2 \tag{7.36}$$

I を用いたときの角運動量と回転の運動方程式は以下のようになる．

角運動量と回転の運動方程式

$$\begin{cases} L = I\omega & (7.37) \\ N = I\dfrac{d\omega}{dt} & (7.38) \end{cases}$$

例題 7.4 長さ L，質量 m の一様な棒がある．棒の中心を通り，棒に垂直な軸の周りの慣性モーメントを求めよ．

解答 (7.36) 式より

$$I_{棒} = \sum_i m_i{r_i}^2 = \int_{-\frac{L}{2}}^{\frac{L}{2}} \frac{m}{L}\,dr\,r^2 = \frac{2m}{L}\int_0^{\frac{L}{2}} r^2\,dr = \frac{mL^2}{12}$$

章末問題 7

問 7.1　質量 m の立方体（正方形）の箱がある．この箱の上端に水平な力 $\boldsymbol{F}$ を加えて転がしたい．図 1 は箱がちょうど転がりはじめるときの箱に働く力を示している．箱の重心は箱の中心にある．$\boldsymbol{N}$ は垂直抗力，$\boldsymbol{f}$ は静止摩擦力である．箱を転がすのに必要な最小の力の大きさを求めよ．また，箱の上端に加える力の向きを水平から変化させたとき，ある角度で，箱を転がすのに必要な力が最小となった．そのときの力の大きさを求めよ．

問 7.2　**発 展**　フィギュアスケートで選手が回転しているとき，選手が広げた腕を縮めると回転が速くなる理由を物理的に説明せよ．また，回転を止めるにはどのようにすればよいか．

問 7.3　**発 展**　図 2 のように，円状の太さが無視できる輪が，角度 θ の斜面を滑ることなく転がり落ちている．輪の斜面に沿った方向の加速度を求めよ．

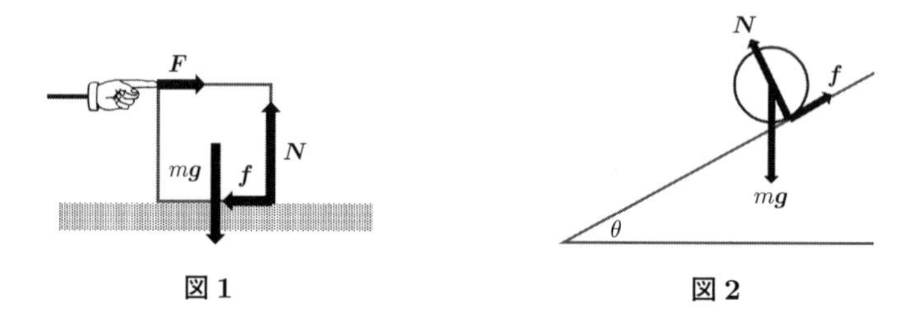

図 1　　　図 2

8 慣性力

前章までにおいて，静止した座標系を用いて物体の運動を調べてきた．本章では，物体と一緒になって動く座標系を導入して，物体が加速度運動するときに現れる慣性力（見かけの力）を議論する．慣性力は，電車の中などの日常生活の様々な場所で感じ取ることができる．大きなスケールで言えば，地球の自転による慣性力が存在する．この力の影響は偏西風や台風に現れる．

8.1 発展 直線運動で発生する慣性力

電車が直線的な線路を走っているとしよう．このとき，車内にいる A も，電車と一緒になって運動している．A にはたらく力は，床からの摩擦力 F である．線路のある位置を原点として座標軸を定め，A の位置を x とする．A の質量を m としたときの運動方程式は

$$m\frac{d^2x}{dt^2} = F \tag{8.1}$$

となる．x は時間 t の経過で電車の運動に伴って値を変化させていく．一方，A は電車の中での位置を変えていないとする．ある時刻における電車の最後尾の位置を s としよう．そして，電車の最後尾の位置を原点とし，車内前方に向かう座標軸を新たに定める．その座標系における A の位置を x' とすれば，

$$x' = x - s \tag{8.2}$$

の関係がある．A は車内で静止しているので，

$$\frac{dx'}{dt} = \frac{dx}{dt} - \frac{ds}{dt} = 0 \tag{8.3}$$

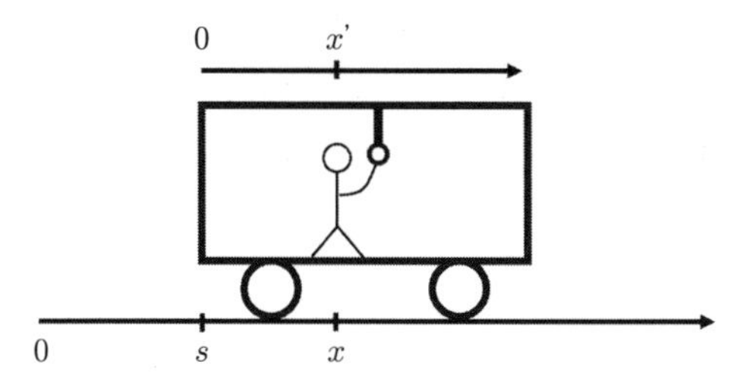

図 8.1　地面にとられた x 座標系と電車内にとられた x' 座標系

となる．さらに微分を行えば，

$$\frac{d^2x'}{dt^2} = \frac{d^2x}{dt^2} - \frac{d^2s}{dt^2} = 0 \tag{8.4}$$

となり，両辺に m を掛けて，(8.1) 式を利用すれば，

$$m\frac{d^2x'}{dt^2} = m\frac{d^2x}{dt^2} - m\frac{d^2s}{dt^2} = F - m\frac{d^2s}{dt^2} = 0 \tag{8.5}$$

となる．電車の加速度を a と書くことにすれば，結局，

$$m\frac{d^2x'}{dt^2} = F - ma = 0 \tag{8.6}$$

となる．つまり，加速度運動する電車の中で静止した A には，$F - ma$ の力が与えられていることになる．電車の加速度運動によって**慣性力（見かけの力）**(inertial force) $-ma$ が A に発生しており，A は慣性力で倒れないように，足を踏ん張って床に摩擦力 $-F$ を与え（結果として，床から F の力を受けて），静止を保っているのである．

平面運動または空間運動における加速度はベクトルで書かれる．したがって，直線運動で発生する慣性力は次のように一般化される．

直線運動で発生する慣性力

$$-m\boldsymbol{a} \tag{8.7}$$

以上の議論では，A と一緒になって加速度 a で動く x' 座標系を用いた．このとき，A は常に静止するために，(8.3)〜(8.6) 式の右辺は 0 となった．もし，加速度 b で動く別の座標系 x'' を用いるならば，(8.6) 式に対応する式は，

$$m\frac{d^2x''}{dt^2} = F - mb \tag{8.8}$$

となる．A にはたらく慣性力は $-mb$ となり，摩擦力 F と打ち消し合わず，A は加速度運動を行うことになる．結局，慣性力とは選択した座標系によって発生する力であることに注意しよう．

一方，一定の速度で動く座標系を用いたときには，A に慣性力が発生せず，静止座標系を用いたときと同じ力が A にはたらくことになる．このことを一般化して，「互いに等速直線運動する座標系の間では，力学現象は不変である」と述べることができる．これを**ガリレイの相対性原理**とよぶ．静止した空間でも，等速直線運動する空間でも，同じ力学現象が起きるために，人は自分のいまいる場所が静止しているか，等速直線運動しているかの区別がつかないことになる．

例題 8.1　水が入った容器を動かすと，加速度の向きに合わせて水面の傾きが変化した．この現象が起きる理由を説明せよ．

解答　容器が加速度運動したときに，容器内の水は慣性力を受ける．慣性力と水にはたらく重力との合力が水を引っ張るので，水面はそれに垂直な方向に傾く．

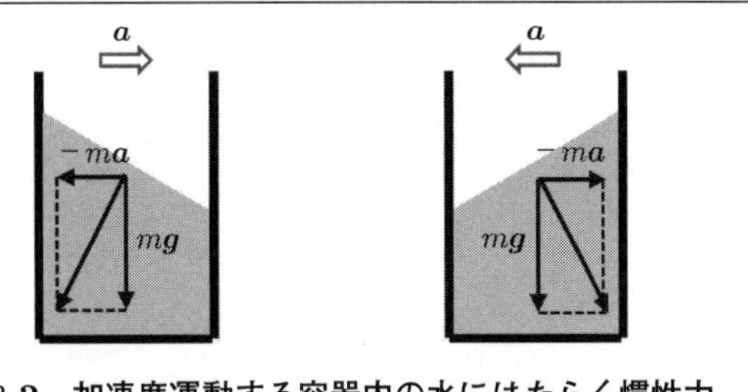

図 8.2　加速度運動する容器内の水にはたらく慣性力

8.2 発 展 円運動で発生する慣性力

質量 m の質点が，xy 面内で一定の角速度 ω で回転運動している場合を考える．このとき，質点はどのような力を感じているだろうか．このことを理解するためには，同じ角速度 ω で回転する座標系を考えればよい．この座標系においては，質点の位置は常に静止し，質点の立場で回転運動を調べることができる．ここでは，より一般的に，角速度 ω' で回転する $x'y'$ 座標系を考えよう．質点の位置 $\boldsymbol{r}$ は，元の固定 xy 座標系，または回転 $x'y'$ 座標系を用いて，

$$\boldsymbol{r} = x\boldsymbol{e}_x + y\boldsymbol{e}_y = x'\boldsymbol{e}_{x'} + y'\boldsymbol{e}_{y'} \tag{8.9}$$

と表せる．ここで，固定座標系の単位ベクトル $(\boldsymbol{e}_x, \boldsymbol{e}_y)$，回転座標系の単位ベクトル $(\boldsymbol{e}_{x'}, \boldsymbol{e}_{y'})$ を導入した．固定座標系では x，y が時間 t の関数であったが，回転座標系では $\boldsymbol{e}_{x'}$，$\boldsymbol{e}_{y'}$ が t の関数となる．また，それぞれの単位ベクトルは，

$$\begin{cases} \boldsymbol{e}_{x'} = \cos\omega' t\, \boldsymbol{e}_x + \sin\omega' t\, \boldsymbol{e}_y & (8.10) \\ \boldsymbol{e}_{y'} = -\sin\omega' t\, \boldsymbol{e}_x + \cos\omega' t\, \boldsymbol{e}_y & (8.11) \end{cases}$$

の関係がある．後の計算のために，回転座標系の単位ベクトルの時間微分を求めておく．

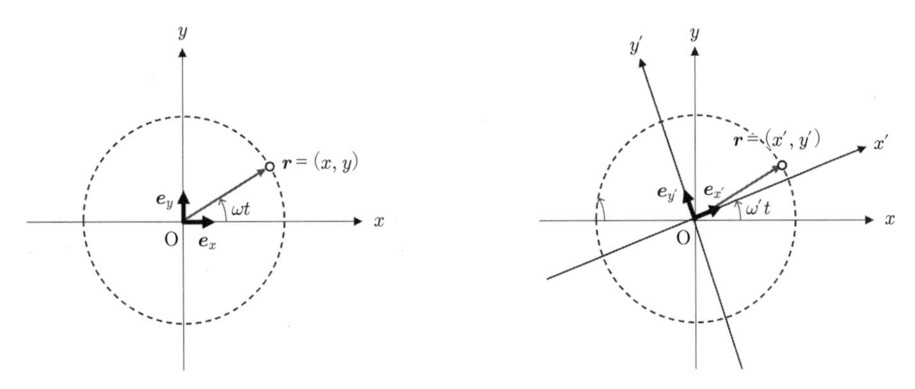

図 8.3　固定座標系と回転座標系における質点の座標と単位ベクトル

$$\begin{cases} \dfrac{d\boldsymbol{e}_{x'}}{dt} = \dfrac{d}{dt}(\cos\omega' t\,\boldsymbol{e}_x + \sin\omega' t\,\boldsymbol{e}_y) = -\omega'\sin\omega' t\,\boldsymbol{e}_x + \omega'\cos\omega' t\,\boldsymbol{e}_y \\ \qquad\quad = \omega'\boldsymbol{e}_{y'} & (8.12) \\ \dfrac{d\boldsymbol{e}_{y'}}{dt} = \dfrac{d}{dt}(-\sin\omega' t\,\boldsymbol{e}_x + \cos\omega' t\,\boldsymbol{e}_y) = -\omega'\cos\omega' t\,\boldsymbol{e}_x - \omega'\sin\omega' t\,\boldsymbol{e}_y \\ \qquad\quad = -\omega'\boldsymbol{e}_{x'} & (8.13) \end{cases}$$

続いて，運動方程式を回転座標系で書くために，$\boldsymbol{r}$ の時間微分を考える．

$$\begin{aligned} \frac{d\boldsymbol{r}}{dt} &= \frac{d}{dt}(x'\boldsymbol{e}_{x'} + y'\boldsymbol{e}_{y'}) = \frac{dx'}{dt}\boldsymbol{e}_{x'} + x'\frac{d\boldsymbol{e}_{x'}}{dt} + \frac{dy'}{dt}\boldsymbol{e}_{y'} + y'\frac{d\boldsymbol{e}_{y'}}{dt} \\ &= \frac{dx'}{dt}\boldsymbol{e}_{x'} + \omega' x'\boldsymbol{e}_{y'} + \frac{dy'}{dt}\boldsymbol{e}_{y'} - \omega' y'\boldsymbol{e}_{x'} \end{aligned} \tag{8.14}$$

$$\begin{aligned} \therefore\ \frac{d^2\boldsymbol{r}}{dt^2} &= \frac{d^2x'}{dt^2}\boldsymbol{e}_{x'} + \frac{dx'}{dt}\frac{d\boldsymbol{e}_{x'}}{dt} + \omega'\frac{dx'}{dt}\boldsymbol{e}_{y'} + \omega' x'\frac{d\boldsymbol{e}_{y'}}{dt} \\ &\quad + \frac{d^2y'}{dt^2}\boldsymbol{e}_{y'} + \frac{dy'}{dt}\frac{d\boldsymbol{e}_{y'}}{dt} - \omega'\frac{dy'}{dt}\boldsymbol{e}_{x'} - \omega' y'\frac{d\boldsymbol{e}_{x'}}{dt} \\ &= \left(\frac{d^2x'}{dt^2} - \omega'^2 x' - 2\omega'\frac{dy'}{dt}\right)\boldsymbol{e}_{x'} + \left(\frac{d^2y'}{dt^2} - \omega'^2 y' + 2\omega'\frac{dx'}{dt}\right)\boldsymbol{e}_{y'} \end{aligned} \tag{8.15}$$

この結果を運動方程式

$$m\frac{d^2\boldsymbol{r}}{dt^2} = \boldsymbol{F} = F_{x'}\boldsymbol{e}_{x'} + F_{y'}\boldsymbol{e}_{y'} \tag{8.16}$$

に代入すれば，回転座標系の運動方程式

$$\begin{cases} m\dfrac{d^2x'}{dt^2} = F_{x'} + m\omega'^2 x' + 2m\omega'\dfrac{dy'}{dt} & (8.17) \\ m\dfrac{d^2y'}{dt^2} = F_{y'} + m\omega'^2 y' - 2m\omega'\dfrac{dx'}{dt} & (8.18) \end{cases}$$

が求められる．両式に慣性力が現れた．

(8.17) と (8.18) 式の第 2 項を**遠心力** $\boldsymbol{F}^{\mathrm{C}}$ (centrifugal force) と呼ぶ．遠心力は質点の位置ベクトル $\boldsymbol{r} = (x', y', 0)$ 方向にはたらく．したがって，次のように書ける．

遠心力

$$\boldsymbol{F}^{\mathrm{C}} = m\omega'^2\boldsymbol{r} \tag{8.19}$$

(8.17) と (8.18) 式の第 3 項を**コリオリの力** $\boldsymbol{F}^{\mathrm{CO}}$ (Coriolis force) と呼ぶ．コリオリの力は回転座標系における質点の速度 $\boldsymbol{v}' = (dx'/dt,\, dy'/dt,\, 0)$ と垂直方向にはたらく．$\omega' > 0$，つまり，回転座標系が反時計方向に回転しているときは，進行方向に右向きにはたらく．逆に，$\omega' < 0$，回転座標系が時計方向に回転しているときは，進行方向に左向きにはたらく．角速度 ω' で回る回転に対し，回転ベクトル $\boldsymbol{\omega}' = (0, 0, \omega')$ を定義すれば，ベクトルの外積を用いて，次のように書ける．

コリオリの力

$$\boldsymbol{F}^{\mathrm{CO}} = -2m\boldsymbol{\omega}' \times \boldsymbol{v}' \tag{8.20}$$

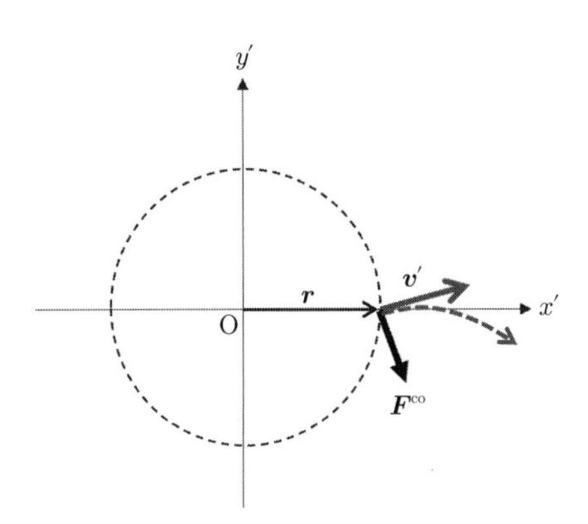

図 8.4 反時計方向に回転する回転座標系におけるコリオリの力

回転座標系の角速度が質点の角速度と同じく角速度 ω で，質点が x' 軸上で常に静止している場合を考えよう．このとき，(8.17)，(8.18) 式は次のつり合いの式となる．

$$\begin{cases} 0 = F_{x'} + m\omega^2 x' & (8.21) \\ 0 = F_{y'} & (8.22) \end{cases}$$

コリオリの力は消えて，遠心力だけが残った．遠心力は向心力 $F_{x'}$ (< 0) を打ち消すようにはたらく．

次に，コリオリの力のはたらきをみるために，x' 軸上に静止した質点 A から，別の質点 B がある方向に打ち出されたとしよう．質点 B の速度は，

$$\boldsymbol{v}' = \frac{dx'}{dt}\boldsymbol{e}_{x'} + \frac{dy'}{dt}\boldsymbol{e}_{y'} \tag{8.23}$$

であったとする．このとき，質点 B にはたらくコリオリの力は，(8.20) 式より，

$$\boldsymbol{F}^{\mathrm{CO}} = \left(2m\omega\frac{dy'}{dt},\ -2m\omega\frac{dx'}{dt},\ 0\right) \tag{8.24}$$

である．$\omega > 0$ であれば，進行方向を右向きに変化させる力となる．一方，固定座標系で見たとき，質点 B は打ち出された方向に等速直線運動を行う．

例題 8.2 北半球の中緯度高圧帯から北方に流れ込む風が方向を変化させて，北東に向かう風（偏西風）となることを説明せよ．

解答 地球の自転によって，地球上で運動する物体はコリオリの力を受ける．北半球の中緯度高圧帯から北方に流れ込む風は，右向きの力を受けて，次第に北東に向かう風となる．

章末問題　8

問 8.1 **発 展**　地球上で無重力状態を体感するための方法をあげよ.

問 8.2 **発 展**　北半球の台風が左巻きであることの理由を述べよ.

付　　録

A　微積分に関する重要な公式

A. 1　合成関数の微分

x の関数 $u = f(x)$ が微分可能な x の区間において，u の関数 $y = g(u)$ が $f(x)$ の値域を含む範囲で微分可能ならば，合成関数 $y = g(f(x))$ は微分可能であって，

$$\frac{dg(f(x))}{dx} = g'(f(x))f'(x) \tag{1}$$

すなわち

$$\frac{dy}{dx} = \frac{dy}{du}\frac{du}{dx} \tag{2}$$

となる.

例 1　$y = u^2(x)$ のとき，

$$\frac{dy}{dx} = \frac{du^2}{du}\frac{du}{dx} = 2u\frac{du}{dx}$$

例 2　$y = \sin^2 x$ のとき，

$$\frac{dy}{dx} = \frac{d\sin^2 x}{d\sin x}\frac{d\sin x}{dx} = 2\sin x\cos x$$

A. 2　変数変換による積分（置換積分）

t の関数 $x = g(t)$ が微分可能ならば，次の式が成り立つ.

$$\int f(x)\,dx = \int f(x)\frac{dx}{dt}\,dt = \int f(g(t))g'(t)\,dt \tag{3}$$

例　$f(x) = \tan x$ のとき，

$$\int \tan x \, dx = \int \frac{\sin x}{\cos x} dx \qquad ここで\ t = \cos x\ とすると，\frac{dx}{dt} = -\frac{1}{\sin x}\ より$$

$$= \int \frac{\sin x}{\cos x} \times \left(-\frac{1}{\sin x}\right) dt = -\int \frac{dt}{t}$$

$$= -\log|t| + C = -\log|\cos x| + C$$

となる．ここで C は積分定数である．

A.3　テイラー展開

x の関数 $f(x)$ が $|x-a| < R$ で何回でも微分可能（**無限回微分可能**）であり，かつ条件

$$\frac{f^{(n)}(\eta)}{n!}(x-a)^n \longrightarrow 0 \qquad (n \to \infty,\ |x-a| < R,\ a < \eta < x) \tag{4}$$

を満たすならば，$f(x)$ は次のようなべき級数に展開できる．

$$f(x) = f(a) + f'(a)(x-a) + \frac{f''(a)}{2!}(x-a)^2 + \cdots + \frac{f^{(k)}(a)}{k!}(x-a)^k + \cdots$$

$$= \sum_{k=0}^{\infty} \frac{f^{(k)}(a)}{k!}(x-a)^k \tag{5}$$

これを $f(x)$ の**テイラー展開**または**テイラー級数**という（$a = 0$ の場合はマクローリン展開，あるいはマクローリン級数と呼ぶこともある）．

例　$f(x) = \sin x$ のとき，$x = 0$ の周りでの $f(x)$ のテイラー展開は

$$f(0) = \sin 0 = 0,$$

$$f'(0) = \cos 0 = 1,$$

$$f''(0) = -\sin 0 = 0,$$

$$f'''(0) = -\cos 0 = -1\ より$$

$$f(x) = 0 + x + \frac{1}{2!} \times 0 \times x^2 + \frac{1}{3!} \times (-1) \times x^3 + \cdots = x - \frac{1}{6}x^3 + \cdots$$

となる．

A. 4　微分方程式の解法（変数分離形）

x のみの関数 $f(x)$ および y のみの関数 $g(y)$ に対して

$$\frac{dy}{dx} = \frac{f(x)}{g(y)} \qquad \text{または} \qquad g(y)\,dy = f(x)\,dx \tag{6}$$

の形の式に表せる微分方程式を**変数分離形**という．このとき方程式の解は次のように表される．

$$\int g(y)\,dy = \int f(x)\,dx \tag{7}$$

例　次のような微分方程式を考える．

$$\frac{dy}{dx} = -y$$

これは (7) 式において $f(x) = -1$，$g(y) = \dfrac{1}{y}$ に対応するので，

$$\int \frac{dy}{y} = -\int dx \quad \longrightarrow \quad \log|y| = -x + C \quad \longrightarrow \quad y = C_1 e^{-x} \quad (C_1 \equiv \pm e^C)$$

となる．ここで C が任意の定数であることから，C_1 は 0 でない積分定数である．一方，$y = 0$ もこの微分方程式の解である．これより，求める解は

$$y = C_1 e^{-x} \quad (C_1 \text{ は 0 を含む積分定数})$$

となる．

B　ベクトルに関する重要な式

B. 1　スカラー積（内積）

2つのベクトル $\boldsymbol{A}$，$\boldsymbol{B}$ があり，そのなす角を θ とする．このとき2つのベクトル $\boldsymbol{A}$，$\boldsymbol{B}$ のスカラー積（内積）は次のように与えられる．

$$\boldsymbol{A} \cdot \boldsymbol{B} = \boldsymbol{B} \cdot \boldsymbol{A} = AB\cos\theta \tag{8}$$

ここで A，B はそれぞれ，ベクトル $\boldsymbol{A}$，$\boldsymbol{B}$ の長さ（絶対値）を表す．

デカルト（直交）座標系において，$\boldsymbol{A} = (A_x, A_y, A_z)$，$\boldsymbol{B} = (B_x, B_y, B_z)$ と表すと，スカラー積は次のように表される．

$$\boldsymbol{A} \cdot \boldsymbol{B} = A_xB_x + A_yB_y + A_zB_z \tag{9}$$

これより，同じベクトルのスカラー積は，そのベクトルの長さの2乗となる．

$$\boldsymbol{A} \cdot \boldsymbol{A} = |\boldsymbol{A}|^2 = A_x^2 + A_y^2 + A_z^2 \tag{10}$$

例　$\boldsymbol{A} = (2, 1, 4)$，$\boldsymbol{B} = (-3, 2, 1)$ とすると，

$$\boldsymbol{A} \cdot \boldsymbol{B} = 2 \times (-3) + 1 \times 2 + 4 \times 1 = 0$$

となる．これより，$\cos\theta = 0$ となり，$\boldsymbol{A} \perp \boldsymbol{B}$ と分かる．

B. 2　ベクトル積（外積）

2つのベクトル $\boldsymbol{A}$，$\boldsymbol{B}$ のベクトル積（外積）は $\boldsymbol{A} \times \boldsymbol{B}$ で定義され，以下の性質を持つ．

(1)　$\boldsymbol{A} \times \boldsymbol{B}$ はベクトルである．

(2)　$\boldsymbol{A} \times \boldsymbol{B}$ の大きさは，$\boldsymbol{A}$，$\boldsymbol{B}$ で張られる平行四辺形の面積に等しい．すなわち

$$|\boldsymbol{A} \times \boldsymbol{B}| = AB\sin\theta \tag{11}$$

(3)　$\boldsymbol{A} \times \boldsymbol{B}$ の方向は，$\boldsymbol{A}$，$\boldsymbol{B}$ で張られる面に垂直で，その向きは，$\boldsymbol{A}$ から $\boldsymbol{B}$ へ右ねじを回すときに，ねじの進む向きに等しい（**右ねじの法則**）．

(4)　$\boldsymbol{A} = (A_x, A_y, A_z)$，$\boldsymbol{B} = (B_x, B_y, B_z)$ とすると，$\boldsymbol{A} \times \boldsymbol{B}$ の各成分は次のように表される．

$$
\begin{aligned}
(\boldsymbol{A}\times\boldsymbol{B})_x &= A_yB_z - A_zB_y \\
(\boldsymbol{A}\times\boldsymbol{B})_y &= A_zB_x - A_xB_z \\
(\boldsymbol{A}\times\boldsymbol{B})_z &= A_xB_y - A_yB_x
\end{aligned}
\tag{12}
$$

またこのことより，次の式が成り立つ．

$$\boldsymbol{B}\times\boldsymbol{A} = -\boldsymbol{A}\times\boldsymbol{B} \tag{13}$$

特に $\boldsymbol{A}=\boldsymbol{B}$ のとき，

$$\boldsymbol{A}\times\boldsymbol{A} = -\boldsymbol{A}\times\boldsymbol{A} \qquad \longrightarrow \qquad \boldsymbol{A}\times\boldsymbol{A} = 0 \tag{14}$$

となる．

例　$\boldsymbol{A}=(2,1,4)$，$\boldsymbol{B}=(-3,2,1)$ とすると，

$$
\begin{aligned}
(\boldsymbol{A}\times\boldsymbol{B})_x &= 1\times 1 - 4\times 2 = -7 \\
(\boldsymbol{A}\times\boldsymbol{B})_y &= 4\times(-3) - 2\times 1 = -14 \\
(\boldsymbol{A}\times\boldsymbol{B})_z &= 2\times 2 - 1\times(-3) = 7
\end{aligned}
$$

となる．一方，$\boldsymbol{A}\times\boldsymbol{B}$ と $\boldsymbol{A}$ および $\boldsymbol{B}$ との内積を計算すると

$$
\begin{aligned}
(\boldsymbol{A}\times\boldsymbol{B})\cdot\boldsymbol{A} &= -7\times 2 + (-14)\times 1 + 7\times 4 = 0 \\
(\boldsymbol{A}\times\boldsymbol{B})\cdot\boldsymbol{B} &= -7\times(-3) + (-14)\times 2 + 7\times 1 = 0
\end{aligned}
$$

となり，このことから $\boldsymbol{A}\times\boldsymbol{B}$ が，$\boldsymbol{A}$ と $\boldsymbol{B}$ に対して直交していることが示される．

B. 3　ベクトルの線積分

3 次元空間内の曲線 C と，C 上の 2 点 A，B を考える．このとき，点 A から C に沿って点 B にまで至る曲線上で定義されている x，y，z の関数であるベクトルは次のように表される．

$$\boldsymbol{r}(s) = x(s)\boldsymbol{i} + y(s)\boldsymbol{j} + z(s)\boldsymbol{k} \tag{15}$$

$\boldsymbol{i}$，$\boldsymbol{j}$，$\boldsymbol{k}$ は x，y，z 方向の単位ベクトル*，s は C 上の曲線座標を表す．このとき AB に沿った x，y，z の関数であるベクトル $\boldsymbol{A}(x,y,z)$ の積分は次のように表される．

$$
\begin{aligned}
\int_{\mathrm{C}} \boldsymbol{A}\cdot d\boldsymbol{r} &= \int_{\mathrm{C}} A_x\,dx + \int_{\mathrm{C}} A_y\,dy + \int_{\mathrm{C}} A_z\,dz \\
&= \int_{\mathrm{C}} \left(A_x\frac{dx}{ds} + A_y\frac{dy}{ds} + A_z\frac{dz}{ds} \right) ds
\end{aligned}
\tag{16}
$$

ただしここで，$\boldsymbol{A} = A_x\boldsymbol{i} + A_y\boldsymbol{j} + A_z\boldsymbol{k}$ である．

*　1 章では，単位ベクトルを $\boldsymbol{i}=\boldsymbol{e}_x, \boldsymbol{j}=\boldsymbol{e}_y, \boldsymbol{k}=\boldsymbol{e}_z$ と表記している．

(16) 式を，曲線 C に沿ったベクトル $\boldsymbol{A}$ の**線積分**という．一般に，2 点 A，B を C とは異なる曲線 C′ で結ぶとき，その線積分の値は互いに異なる．すなわち

$$\int_{\mathrm{C}} \boldsymbol{A}\cdot d\boldsymbol{r} \neq \int_{\mathrm{C}'} \boldsymbol{A}\cdot d\boldsymbol{r} \tag{17}$$

例　$\boldsymbol{A} = (x^2+y)\boldsymbol{i} + (xy+z)\boldsymbol{j} - yz\boldsymbol{k}$ において，原点 O(0,0,0) から点 A(1,1,1) に至る直線に沿った線積分 $\int_{\mathrm{C}} \boldsymbol{A}\cdot d\boldsymbol{r}$ の値．このとき線分 OA 上の点は，$x = y = z = t\ (0 \leqq t \leqq 1)$ で与えられるから

$$A_x = t^2 + t,\ A_y = t^2 + t,\ A_z = -t^2, \qquad dx = dy = dz = dt$$

となる．これより

$$\begin{aligned}\int_{\mathrm{C}} \boldsymbol{A}\cdot d\boldsymbol{r} &= \int_{\mathrm{C}} A_x\,dx + \int_{\mathrm{C}} A_y\,dy + \int_{\mathrm{C}} A_z\,dz \\ &= \int_0^1 (t^2+t)\,dt + \int_0^1 (t^2+t)\,dt + \int_0^1 (-t^2)\,dt = \frac{4}{3}\end{aligned}$$

となる．

章末問題の解答

1章

問 1.1 (1) α は長さを時間の 4 乗で割った次元を持つ.

(2) 加速度は

$$a = \frac{d^2x}{dt^2} = 12\alpha t^2$$

であるので，加速度は常に 0 以上で，その絶対値は $t < 0$ では減少し，$t > 0$ では増加する.

問 1.2 物体の変位は速度を時間に対して積分することで求めることができる．したがって，

$$\int_0^T v_0 \exp(-\alpha t)\, dt = -\frac{v_0}{\alpha}\Big[\exp(-\alpha t)\Big]_0^T$$
$$= \frac{v_0}{\alpha}[1 - \exp(-\alpha t)]$$

となる.

問 1.3 速度ベクトルは,

$$\boldsymbol{v} = \frac{d\boldsymbol{r}}{dt} = (-2t + 5, 4, 9)$$

となる.

加速度ベクトルは,

$$\boldsymbol{a} = \frac{d\boldsymbol{v}}{dt} = (-2, 0, 0)$$

となる.

問 1.4 $v = r\omega$, $a = r\omega^2$ より，$a = v^2/r$．したがって,

$$a = \frac{134^2}{1835} \sim 9.8$$

となり，加速度の大きさは $9.8\,\mathrm{m/s^2}$ となる.

2章

問 2.1 水平方向の飛行距離は $\dfrac{v_{x0}v_{y0}}{g}$ となり，変わらない.

問 2.2 ボールがホームベースに到達する時間を t とすると,

$$\frac{1}{2}gt^2 = (1.725 - 0.500)\,\mathrm{m} = 1.225\,\mathrm{m}$$

これより，$t = 0.50\,\mathrm{s}$．したがって，初速度の大きさは

$$\frac{18\,\mathrm{m}}{0.50\,\mathrm{s}} = 36\,\mathrm{m/s} = 130\,\mathrm{km/h}$$

問 2.3　(1)　β は「質量 × 長さ/時間の 4 乗」の次元を持つ．

(2)　加速度は

$$a = \frac{F}{m} = \frac{\beta}{m}t^2$$

であるので，加速度は常に 0 以上で，その絶対値は $t < 0$ では減少し，$t > 0$ では増加する．

問 2.4　(1)　斜面の上の物体がひもから受ける力が，物体が斜面方向に受ける重力と最大静止摩擦力の和を超えないことが条件である．したがって，

$$mg \leqq Mg\sin\theta + \mu M\cos\theta$$

となる．

(2)　つり下げられている物体の運動方程式は，

$$m\frac{d^2x}{dt^2} = -mg + Mg\sin\theta + \mu' Mg\cos\theta$$

となる．

(3)　速度 v は，

$$v = \frac{dx}{dt} = \int \frac{d^2x}{dt^2}\,dt = g\int\left(-1 + \frac{M}{m}\sin\theta + \mu'\frac{M}{m}\cos\theta\right)dt$$
$$= g\left(-1 + \frac{M}{m}\sin\theta + \mu'\frac{M}{m}\cos\theta\right)t$$

となる．

位置 x は，

$$x = \int \frac{dx}{dt}\,dt = g\int\left(-1 + \frac{M}{m}\sin\theta + \mu'\frac{M}{m}\cos\theta\right)t\,dt$$
$$= \frac{g}{2}\left(-1 + \frac{M}{m}\sin\theta + \mu'\frac{M}{m}\cos\theta\right)t^2 + h$$

となる．

問 2.5　(1)　運動方程式は，

$$m\frac{d^2x}{dt^2} = -mg - \gamma v$$

となる．

(2)　(1)の運動方程式を，

$$\frac{dv}{dt} = -g - \frac{\gamma}{m}v = -\frac{\gamma}{m}\left(\frac{mg}{\gamma} + v\right)$$

として，

$$V(t) = \frac{mg}{\gamma} + v$$

とする．すると，

$$\frac{dV}{dt} = \frac{dv}{dt}$$

となるので，運動方程式は，

$$\frac{dV}{dt} = -\frac{\gamma}{m}V$$

となり，変数分離形の使える形になる．変形して両辺を積分すると，

$$\int \frac{1}{V}\,dV = -\frac{\gamma}{m}\int dt$$

$$\log V = -\frac{\gamma}{m}t + C$$
$$V = \frac{mg}{\gamma} + v = \exp\left(-\frac{\gamma}{m}t + C\right)$$
$$v = -\frac{mg}{\gamma} + C' \exp\left(-\frac{\gamma}{m}t\right)$$

となる．ここで，$\exp(C) = C'$ とした．初速度は 0 なので，$t = 0$ とすると，

$$v(0) = -\frac{mg}{\gamma} + C' = 0$$

となるので，

$$C' = \frac{mg}{\gamma}$$

となる．したがって，

$$v = -\frac{mg}{\gamma} + \frac{mg}{\gamma}\exp\left(-\frac{\gamma}{m}t\right)$$
$$= -\frac{mg}{\gamma}\left\{1 - \exp\left(-\frac{\gamma}{m}t\right)\right\}$$

となる．

(3) 位置 x は速度 v を t で積分して，

$$x = \int \frac{dx}{dt}\, dt$$
$$= \int \left\{-\frac{mg}{\gamma} + \frac{mg}{\gamma}\exp\left(-\frac{\gamma}{m}t\right)\right\} dt$$
$$= -\frac{mg}{\gamma}t - \frac{m^2 g}{\gamma^2}\exp\left(-\frac{\gamma}{m}t\right) + C$$

となる．$t = 0$ とすると，

$$x_0 = -\frac{m^2 g}{\gamma^2} + C$$

となるので，

$$C = x_0 + \frac{m^2 g}{\gamma^2}$$

となる．したがって，

$$x = x_0 + \frac{m^2 g}{\gamma^2} - \frac{mg}{\gamma}t - \frac{m^2 g}{\gamma^2}\exp\left(-\frac{\gamma}{m}t\right)$$
$$= x_0 - \frac{mg}{\gamma}t + \frac{m^2 g}{\gamma^2}\left\{1 - \exp\left(-\frac{\gamma}{m}t\right)\right\}$$

となる．

3章

問 3.1 物体にはたらく力の向きと運動の向きが同じであれば，直線的な運動が継続され，力の向きと運動の向きが異なれば，運動の方向が変化することになる．本問では，力 $\boldsymbol{F}$ の向きと運動の向きが異なるのに，直線的な運動が起きているので，$\boldsymbol{F}$ の他に力が作用しているのがわかる．このとき，物体にはたらく合力は運動方向を向いている．

物体は最終的に力 $\boldsymbol{F}$ の方向に 1 m 進んでいる．したがって，$\boldsymbol{F}$ のした仕事は

$$1\,\mathrm{N} \times 1\,\mathrm{m} = 1\,\mathrm{N{\cdot}m} = 1\,\mathrm{N}$$

となる．

問 3.2　運動の可動範囲の条件は $U(x) \leqq E$ で与えられるので，今の場合は $|x-2| \leqq 3$ となる．これより $-3 \leqq x-2 \leqq 3$．よって求める可動範囲は，$-1 \leqq x \leqq 5$ となる．

問 3.3　ここではまず，円板上の微小部分を考え，この微小部分と質量 m の質点との万有引力を求める．円板上の半径 r から $r+dr$，角度 θ から $\theta+d\theta$ の微小領域の面積は，$r\,drd\theta$ で与えられる．これより微小部分の質量は，円板の単位面積あたりの密度（面密度）を ρ として，$\rho r\,drd\theta$ となる．微小部分と質点の距離は，$\sqrt{r^2+x^2}$ であることから，微小部分から受ける万有引力による質点のポテンシャルエネルギー dU は次で表される．

$$dU = -G\frac{m\rho r\,drd\theta}{\sqrt{r^2+x^2}}$$

ここで $\rho = M/(\pi R^2)$．

これより，円板全体から受ける万有引力による質点のポテンシャルエネルギー U は

$$\begin{aligned} U &= -G\int_0^R \frac{m\rho r\,dr}{\sqrt{r^2+x^2}}\int_0^{2\pi} d\theta = -2\pi Gm\rho\left[\sqrt{r^2+x^2}\right]_0^R \\ &= -2\pi Gm \times \frac{M}{\pi R^2}\left(\sqrt{R^2+x^2}-x\right) \\ &= -\frac{2GMm}{R^2}\left(\sqrt{R^2+x^2}-x\right) \end{aligned}$$

となる．

4章

問 4.1　力 F_1 を受けたときの運動量変化は，

$$\Delta p_1 = J_1 = \int_{t_1}^{t_1+\Delta t} \alpha\,dt = \alpha\Delta t$$

であり，力 F_2 を受けたときの運動量変化は，

$$\Delta p_2 = J_2 = \int_{t_2}^{t_2+\Delta t} \beta(t-t_2)\,dt = \frac{1}{2}\beta\Delta t^2$$

である．両者は等しいので，

$$\alpha = \frac{1}{2}\beta\Delta t$$

となる．

問 4.2　$J = \Delta p = mv-(-mv) = 2mv$

$$W = \frac{1}{2}mv^2 - \frac{1}{2}m(-v)^2 = 0$$

$J \neq 0$ より，バットはボールにある時間において，0 でない力を与えたことがわかる．バットがボールに与える力の向きは一定であるから，バットははじめボールに差し込まれて（負の仕事を行って），その後，仕事が 0 となるまで，ボールを押し返した（正の仕事を行った）ことがわかる．

問 4.3　鉛直下方向に座標軸をとる．時刻 t における雨滴の質量を m，速度を v とし，時刻 $t+dt$ における雨滴の質量を $m+dm$，速度を $v+dv$ とする．一方，この時間において雨滴は重力から

$$J = mg\,dt$$

の力積を受ける．ここで，雨滴の質量を m としたが，$m+dm$ としても，2 次の微小量である $g\,dmdt$ の項が追加されるだけである．続いて，この時間における運動量の変化は，

$$\Delta p = (m+dm)(v+dv) - mv = m\,dv + v\,dm = d(mv) = dp$$

となる．同様に 2 次の微小量を落とした．$\Delta p = J$ より，

$$dp = mg\,dt$$

$$\therefore \frac{dp}{dt} = mg$$

となり，(4.25) 式に一致する．

5 章

問 5.1　三角関数の公式 $\sin(a+b) = \sin a\cos b + \cos a\sin b$ を用いると，(5.5) 式は次の形になる．

$$x(t) = C\sin\left(\sqrt{\frac{k}{m}}t\right)\cos\theta_0 + C\cos\left(\sqrt{\frac{k}{m}}t\right)\sin\theta_0$$

これと (5.4) 式を比較すると，

$$A = C\cos\theta_0, \qquad B = C\sin\theta_0$$

となり，これより $C = \sqrt{A^2+B^2}$，$\tan\theta_0 = \dfrac{B}{A}$ が導かれる．

問 5.2　単振り子と単振動の周期が同じになる条件から

$$2\pi\sqrt{\frac{l}{g}} = 2\pi\sqrt{\frac{m}{k}} \qquad \longrightarrow \qquad k = \frac{mg}{l}$$

これに問題文の数値を代入すると

$$k = \frac{mg}{l} = \frac{0.10\,\mathrm{kg}\times 9.8\,\mathrm{m/s^2}}{0.49\,\mathrm{m}} = 2.0\,\mathrm{kg/s^2} = 2.0\,\mathrm{N/m}$$

となる．

6 章

問 6.1

$$\begin{cases} L_A = 2mrv \\ L_B = -mrv \\ L_C = -2mrv \end{cases}$$

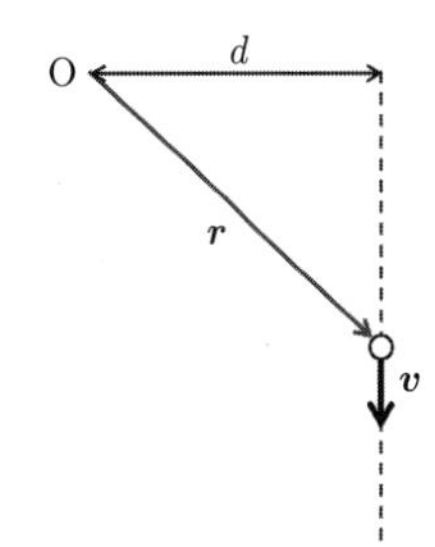

問 6.2　時刻 t での質点の速度は鉛直下向きを正として，

$$v = v_0 + gt$$

である．ここで，質点の初速度を v_0 とした．図のように，質点の運動する方向に沿った直線

から d だけ離れた位置に原点 O を定める．質点の質量を m とする．このとき，質点の角運動量とその微分は以下のように求まる．

$$L = -mvd = -m(v_0 + gt)d$$

$$\therefore \frac{dL}{dt} = -mgd$$

一方，重力による原点 O の周りの力のモーメントは，

$$N = -mgd$$

である．したがって，(6.7) 式が成立していることが分かる．

問 6.3　棒の回転中心を原点にとる．このとき，質量 M の物体がもつ角運動量は，棒の長さを l として，

$$L_M = Mvl$$

となる．衝突後に一体となったときの角運動量は，角速度を ω として，

$$L_{m+M} = (m+M)l^2\omega$$

となる．角運動量は衝突の前後で等しいので，

$$Mvl = (m+M)l^2\omega$$

$$\therefore \omega = \frac{Mv}{(m+M)l}$$

となる．なお，この問題は，衝突の直前と直後における運動量保存則に注目しても求めることができる．衝突前後で，速度が v から $l\omega$ となることに注目せよ．

問 6.4　惑星は恒星を含む平面内を運動するので，平面に垂直で，恒星を通る軸の周りの惑星の角運動量を考える．惑星の楕円軌道の短軸上における角運動量は，

$$L_b = mbv_0$$

である．一方，惑星の長軸上における角運動量は，

$$L_a = mRv$$

である．角運動量保存則から，

$$mbv_0 = mRv$$

$$\therefore v = \frac{bv_0}{R}$$

と求まる．

7 章

問 7.1　$\boldsymbol{F}$ の大きさが箱を転がすことのできる最小の大きさであるとき，箱の回転速度は 0 である．このとき，回転中心である箱の右下の点の周りの力のモーメントの和は 0 となる．したがって，箱の 1 辺の長さを a として，

$$-Fa + \frac{mga}{2} = 0$$

$$\therefore F = \frac{mg}{2}$$

となる．$\boldsymbol{F}$ の向きが箱の対角線に対して垂直方向（水平に対して 45° 方向）となるとき，回転の中心から力の作用線までの距離が最大になるので，箱を回転させるのに必要な $\boldsymbol{F}$ の大きさが最小となる．したがって，そのときの力の大きさは，

$$-\sqrt{2}Fa + \frac{mga}{2} = 0$$

$$\therefore F = \frac{mg}{2\sqrt{2}}$$

となる．なお，箱が滑らないための条件は，$F_{\text{水平}} \leqq \mu mg$ である．ここで，μ は静止摩擦係数である．

問 7.2　腕を縮めると選手の回転軸まわりの慣性モーメントは小さくなる．したがって，角運動量保存則から角速度が大きくなる．一方，回転を止めるには足をうまく使って中心力でない力をかければよい．

問 7.3　輪の慣性モーメント I は，輪の質量を m，半径を R として，

$$I = \sum_i m_i r_i^2 = R^2 \sum_i m_i = mR^2$$

である．次に，輪の中心の周りの力のモーメントは，摩擦力 $\boldsymbol{f}$ だけが寄与をして，

$$N = fR$$

である．したがって，回転の運動方程式は角速度を ω として，

$$mR^2 \frac{d\omega}{dt} = fR$$

と書ける．一方，輪が滑らずに回転する条件から，輪の斜面下向きの速度を v として，

$$v = R\omega$$

が成り立つ．両辺を微分して整理すれば，

$$\frac{d\omega}{dt} = \frac{1}{R}\frac{dv}{dt}$$

となる．続いて，斜面に水平方向の運動方程式を書くと，

$$m\frac{dv}{dt} = mg\sin\theta - f$$

となる．したがって，回転の運動方程式から ω と f を消去して，輪の加速度は，

$$mR^2 \frac{1}{R}\frac{dv}{dt} = \left(-m\frac{dv}{dt} + mg\sin\theta\right)R$$

$$\therefore \frac{dv}{dt} = \frac{g\sin\theta}{2}$$

と求まる．この大きさは，摩擦がなく，斜面を滑るときの半分となっている．

8章

問 8.1　質量 m の人が質量 M の密閉された箱の中にいるとする．その箱に対して，外から鉛直下向きに $-(m+M)g$ の力を与える．このとき，箱の中の人は，下向きにはたらく重力 $-mg$ と上向きにはたらく慣性力 mg が打ち消し合って，箱の下面から受ける垂直抗力が 0 となって，無重力状態を体感できる．

問 8.2　台風の中心に向けて空気が引き込まれるが，北半球ではコリオリの力が進行方向に右向きにはたらくので，結果として左巻きの渦ができる．

索　引

著者紹介

石渡洋一（いしわた よういち）

東京大学大学院工学系研究科博士課程修了
博士（工学）
佐賀大学理工学部理工学科物理学部門准教授

河野宏明（こうの ひろあき）

東北大学大学院理学研究科博士後期課程修了
理学博士
佐賀大学理工学部理工学科物理学部門教授

橘　基（たちばな もとい）

神戸大学大学院自然科学研究科博士課程修了
博士（理学）
佐賀大学理工学部理工学科物理学部門准教授

山内一宏（やまうち いちひろ）

名古屋大学大学院理学研究科博士後期課程修了
博士（理学）
佐賀大学理工学部理工学科物理学部門准教授

2023年3月22日　初版発行

理工系学生のための
初歩からの力学

著者　石渡洋一
　　　河野宏明
　　　橘　基
　　　山内一宏
発行者　山本　格

発行所　株式会社　培風館
東京都千代田区九段南4-3-12・郵便番号102-8260
電話(03)3262-5256(代表)・振替00140-7-44725

三美印刷・牧製本

PRINTED IN JAPAN

ISBN 978-4-563-02533-5　C3042